成都市蔬菜生产
主要模式及技术

帅正彬　杨佳文／主编

ZHUYAO MOSHI JI JISHU

四川大学出版社

SICHUAN UNIVERSITY PRESS

图书在版编目（CIP）数据

成都市蔬菜生产主要模式及技术 / 帅正彬，杨佳文
主编．— 成都：四川大学出版社，2023.7
ISBN 978-7-5690-5828-4

Ⅰ．①成… Ⅱ．①帅… ②杨… Ⅲ．①蔬菜园艺—设
施农业 Ⅳ．① S626

中国版本图书馆 CIP 数据核字（2022）第 233974 号

书　　名：成都市蔬菜生产主要模式及技术
　　　　　Chengdu Shi Shucai Shengchan Zhuyao Moshi ji Jishu
主　　编：帅正彬　杨佳文

选题策划：李思莹
责任编辑：李思莹
责任校对：胡晓燕
装帧设计：墨创文化
责任印制：王　炜

出版发行：四川大学出版社有限责任公司
　　　　　地址：成都市一环路南一段 24 号（610065）
　　　　　电话：（028）85408311（发行部）、85400276（总编室）
　　　　　电子邮箱：scupress@vip.163.com
　　　　　网址：https://press.scu.edu.cn
印前制作：四川胜翔数码印务设计有限公司
印刷装订：成都市新都华兴印务有限公司

成品尺寸：170 mm×240 mm
印　　张：10.5
插　　页：8
字　　数：214 千字

版　　次：2023 年 8 月 第 1 版
印　　次：2023 年 8 月 第 1 次印刷
定　　价：45.00 元

本社图书如有印装质量问题，请联系发行部调换

扫码获取数字资源

四川大学出版社
微信公众号

▲ "菜—稻—菜" 高产高效示范基地

▲天府蔬菜种苗繁育中心

▲ "菜—稻—菜" 高产高效示范基地航拍图

▲生菜生产示范基地航拍图

▲生菜生产示范基地

▲大白菜地

▲甘蓝地

▲花菜地

▲萝卜地

▲莴笋地

▲棒菜地

▲芹菜地

▲儿菜地

▲生菜地

▲辣椒避雨栽培

▲辣椒地

▲番茄地

▲番茄吊蔓

▲苦瓜地

▲丝瓜地

▲豇豆地

▲茄子地

▲大蒜地 ▲大葱地

▲蒜薹采收

▲生姜地

▲韭菜地

▲韭菜花采收

▲韭菜培土

▲棒菜

▲儿菜

▲唐元韭黄

▲云桥圆根萝卜

▲新都大蒜

▲生姜

▲大蒜

▲胡萝卜

▲生菜

▲萝卜

▲育苗穴盘

▲育苗基质原料

▲集约化穴盘育苗

▲穴盘育苗精量播种机

▲穴盘苗搬运

▲电热线

▲控温仪

▲热水锅炉

▲热风炉

▲暖风机

▲生菜机械化移栽　　　　　　▲生菜机械化收获

▲胡萝卜机械化统防统治

▲胡萝卜机械化播种

前　言

　　成都市为四川省省会，位于四川省中部、四川盆地西部。成都市属亚热带季风性湿润气候，气候温暖，雨水充沛，土壤肥沃，且享有都江堰灌溉之利。成都市蔬菜种植历史悠久，栽培品种繁多，具有冬春蔬菜生产优势，是我国"南菜北运"的重要基地。根据自然禀赋和发展规划，成都市形成了以彭州市为核心布局平坝蔬菜产业集中发展区，以金堂县为核心布局丘陵蔬菜产业带，打造了双流区牧马山二荆条辣椒、郫都区唐元韭黄、彭州市三界莴笋、金堂县官仓花菜等一批特色蔬菜生产园。

　　为了摸清当前全市蔬菜生产结构、生产技术状况、生产模式类型、产业发展等方面的情况，成都市农业技术推广总站组织区（市）县的核心技术人员，在全市蔬菜产业发展重点乡镇搜集资料、发放问卷、实地走访、召开座谈会等，对蔬菜种植大户、生产技术人员以及区（市）县的农业技术人员开展了历时半年的蔬菜生产调查。在查阅了大量蔬菜生产文献资料的基础上，本书编写人员结合调查情况，与行业相关专家研讨后编写了《成都市蔬菜生产主要模式及技术》一书。

　　本书详细介绍了成都市蔬菜产业发展优势与现状、蔬菜主要种类及品种、蔬菜周年栽培模式、蔬菜育苗技术、蔬菜主要生产方式及病虫害综合防治、各类蔬菜生产技术，以及蔬菜采后处理和贮藏保鲜等方面的内容，可以为基层农业技术人员、蔬菜专业合作社、蔬菜生产企业和广大菜农提供技术指导，以期提高成都市蔬菜生产技术水平。

　　本书的编写得到了成都市农业农村局的高度关注，四川省农业科学院、成都市农林科学院、各区（市）县相关农业技术部门的大力支持，在此一并致谢！

　　由于编写时间短，水平有限，书中难免有不妥及疏漏之处，敬请广大读者发现问题后及时告知，以便进一步修改和完善。

编　者

2023 年 1 月

目　录

第一章　成都市蔬菜产业发展概况

第一节　蔬菜产业发展优势

一、自然区位条件优越

成都市位于四川盆地腹心地带,属亚热带季风性湿润气候。成都市气候温和,四季分明,无霜期长,雨水充沛,日照较少。冬春气温较华北高,较华南低,露地蔬菜能正常生长,且病害较少,虫害很少发生,在冬春露地喜凉蔬菜生产上具有独特优势。全市得益于都江堰水利工程的兴建,平坝地区江河网交错,渠系密布,自流灌溉率能达100%,丘陵地区自流灌溉率能达80%,水源充沛。土壤多为河流冲积土,以沙壤为主,坝区、丘陵、山地呈梯度分布。典型的栽培制度为一年两熟到三熟。成都市蔬菜产地垂直布局明显,是我国"南菜北运"的重要基地。

成都市紧抓国家实施《成渝城市群发展规划》和被确定为国家中心城市的重大机遇,围绕新时代成都"三步走"战略目标,编制出版了《成都国家中心城市建设行动计划》,加快建设全国重要的经济中心、科技中心、文创中心、对外交往中心,国家西部金融中心和国际性综合交通通信枢纽,不断增强国家中心城市"五中心一枢纽"功能支撑。2022年,成都市地区生产总值突破2万亿元,在全国主要城市中位列第七。优越的区位为成都市蔬菜产业发展提供了有利条件。

二、交通运输便利

成都市交通运输便利,全市境内有连通各相邻区(市)县的成都市第一绕城高速公路和成都市第二绕城高速公路,有通往省内外的成南、成雅、成渝、成乐等高速公路和成渝、西成、成贵等高速铁路，拥有成都双流国际机场、成都天府国际机场两个国际机场。2013年，成都开通了始发于成都青白江集装箱中心站的蓉欧国际快速铁路货运直达班列，线路经宝鸡、兰州到新疆阿拉山口出境，途经哈萨克斯坦、俄罗斯、白俄罗斯等国直达波兰罗兹。目前，成都国际（地区）航线数量、质量稳居中西部前列，基本形成覆盖亚洲、欧洲、北美洲、非洲及大洋洲重要枢纽城市的航空客货运骨干航线网络。四通八达的交通有利于蔬菜从成都运往各地。

三、栽培品种资源丰富

成都市蔬菜品种资源十分丰富，支撑了蔬菜产业的稳定发展。全市共有14大类400多个蔬菜品种。其中，主要大宗品种有萝卜、白菜、莴笋等，地方品种有温江大蒜、二荆条辣椒、唐元韭黄等。随着科技的发展，成都市先后选育和引进推广了名优特和反季节种植的蔬菜品种，如夏季萝卜、白菜、甘蓝等，豆类和茄果类等，由于设施栽培的发展，生产供应期长达10个月，极大地满足了市场需求。

四、规模化生产与新型主体建设成效显著

近年来，成都市按照优势区域集中布局原则，依托全市100万亩粮菜基地高标准农田建设项目，不断完善基地的基础设施建设，2014年、2019年、2020年全市分别建成常年蔬菜基地（指连续三年每年至少种植一季蔬菜的基地）35万亩①、40万亩、60余万亩，覆盖全市1000余个村，蔬菜生产基地的规模逐步扩大。

全市大力发展家庭适度规模经营，积极培育新型蔬菜的生产经营主体。截至2020年底，全市共培育蔬菜专业合作组织1271家，形成了"龙头企业+专合组织+家庭适度规模经营"和"园区（基地）+专合组织+家庭适度规模经营"等生产模式。全市积极探索公益性服务与经营性服务结合、政府购买服务的有效模式，支持专业化、社会化服务组织向新型农业经营主体提供统测、统配、统供、统施"四统一"服务，降低生产成本。

---

① 1亩约为666.67平方米。

五、扶持政策不断出台，科技服务支撑不断增强

为切实保障全市蔬菜供应充足、质量可靠、价格平稳，不断推进全市"菜篮子"工程高质量发展，成都市出台了一系列蔬菜产业扶持政策措施。

2019年，成都市人民政府签发《成都市人民政府关于高质量推进"菜篮子"工程建设的意见》（成府函〔2019〕18号），提出：对"菜篮子"产品新品种、新技术引进和全程机械化生产试验示范给予支持；对在成都注册并自建平台或利用第三方平台年销售农产品达到5000万元以上、鲜活农产品达到1000万元以上的择优给予奖励支持；对获得国家商务部认定的电子商务示范企业，给予100万元的一次性奖励；进一步创新政策性特色农业保险试点险种，以"扩面、增品、提标"为导向，推动主要"菜篮子"产品参保全覆盖，降低生产者自然及市场经营风险。

2020年，成都市人民政府办公厅印发《成都市"米袋子""菜篮子"强基行动方案》（成办发〔2020〕50号），提出：提升完善蔬菜生产基地基础设施，配套建设工厂化育苗中心，支持蔬菜基地配套开展产地初加工设施建设，在攀西和阿坝地区建立15万亩市外季节性蔬菜调剂基地；支持有条件的规模经营主体开展"农超""农商""农社"直采直销对接，鼓励发展社区团购、社区订制农业等新零售模式；安排"菜篮子"和农贸市场专项资金1亿元，重点支持"菜篮子"保供基地、益民菜市、标准化菜市场建设等。

全市深入推行农业科技特派员制度，进一步健全农业科技服务体系，支持组建产学研用协同创新专家团队。鼓励在蓉高校、科研院所、农业龙头企业等合作建立"菜篮子"工程研发平台，联合开展关键核心技术攻关和科技成果转化应用。依托成都市农林科学院等蔬菜专家服务团队，加大对优质、高产、抗逆等蔬菜新品种、集约化育苗、节水灌溉、蔬菜机械化栽培、水肥一体化、绿色防控等新技术的研发、引进和推广应用力度。加快推进农业生产经营和管理服务数字化，依托现有资源建设农业农村大数据中心，加快现代信息技术在农业领域的应用，进一步扩大数字农业试点范围。

第二节　蔬菜产业总体规划布局

全市蔬菜基地划分为保障性蔬菜基地和市场调剂型蔬菜基地。

一、保障性蔬菜基地规划布局区域

保障性蔬菜基地主要布局在成都市第一绕城高速公路附近区域和区（市）县中心城市周围。同时，在龙门山脉海拔 800～1200 米的地区发展一部分山地蔬菜。按与中心城区的位置关系和蔬菜生产类型，将成都市保障性蔬菜基地划分为以下六类（详见表 1-1）。

（一）二圈层精品蔬菜基地

主要分布于双流区、温江区、郫都区、新都区、龙泉驿区的 15 个重点乡镇（街道）。主要种植速生菜和设施蔬菜，采取"插花式""镶嵌式"布局。鼓励龙头企业、种植能手等业主经营，实现高度集约化、设施化；同时，与农家乐、休闲农业、体验农业等第三产业互动，挖掘蔬菜产业多功能价值。重点推广工厂化育苗技术、多类型设施栽培技术、病虫害绿色防控技术、高效间套技术、韭黄软化栽培技术、大蒜高产高效生产技术等。

（二）北部规模化蔬菜基地

包括彭州市、都江堰市的 9 个重点乡镇（街道）。主要种植莴笋、芹菜、十字花科蔬菜等叶菜类蔬菜和大蒜、豆类蔬菜、瓜类蔬菜。采用菜农适度规模经营，业主规模化种植，合作社组织生产和销售，发展绿色、有机、高端蔬菜产业。重点推广早春蔬菜设施栽培技术、早秋蔬菜简易设施育苗技术、大蒜高产高效生产技术、豆类蔬菜高效节本栽培技术、蔬菜无公害生产技术等。

（三）东北部丘区生态蔬菜基地

包括青白江区、金堂县、简阳市的 18 个重点乡镇（街道）。主要种植瓜类、茄果类、豆类等早春蔬菜和韭菜（黄）、根叶菜类、早熟蒜薹、早蒜苗、莲藕等特色蔬菜。重点推广瓜类、豆类蔬菜春露地生产技术，茄果类、瓜类蔬菜春早熟栽培技术，韭黄标准化生产技术，秋冬蔬菜生产技术，莲藕生产技术，蔬菜无公害生产技术等。

（四）西南部特色蔬菜基地

包括新津区、蒲江县、邛崃市的 12 个重点乡镇（街道）。主要种植茄果类、瓜类、豆类、根叶菜类、薯芋类等大宗蔬菜和葱蒜类、莲藕、茭白等特色蔬菜。重点推广茄果类蔬菜多层覆盖早熟栽培技术，瓜类、豆类蔬菜春露地生产技术，早秋蔬菜设施栽培技术，秋冬蔬菜露地生产技术，水生蔬菜生产技术等。主要采用"合作社+菜农""大园区+小业主"的经营模式。

（五）西部时令蔬菜基地

包括崇州市、大邑县的8个重点乡镇（街道）。主要种植根叶菜类、茄子、辣椒、瓜类、四季豆、洋葱、折耳根等蔬菜。重点推广茄果类蔬菜多层覆盖早熟栽培技术，叶菜类蔬菜反季节栽培技术，秋冬叶菜类蔬菜栽培技术，瓜类蔬菜、四季豆春露地和夏秋栽培技术，韭菜、折耳根标准化栽培技术等。

（六）龙门山反季节蔬菜基地

包括彭州市、都江堰市、崇州市、大邑县的9个重点乡镇（街道）。龙门山反季节蔬菜基地进行喜温蔬菜的延后栽培和喜凉蔬菜的提早种植，为夏秋淡季市场提供蔬菜。主要种植茄子、番茄、南瓜、虎耳瓜、大白菜、莴笋、芹菜、甘蓝、菜用土豆等耐贮运蔬菜及山葵等山野特色蔬菜。重点推广高山蔬菜种植技术、病虫害绿色防控技术、绿色有机蔬菜生产技术。

表1-1　成都市保障性蔬菜基地分布情况

蔬菜基地名称	区（市）县	重点乡镇（街道）
二圈层精品蔬菜基地	龙泉驿区	东安街道、洪安镇、西河街道
	温江区	永宁街道、万春镇、寿安镇
	郫都区	安德街道、唐昌镇、三道堰镇
	新都区	新繁街道、清流镇、军屯镇、石板滩街道
	双流区	彭镇、黄水镇
北部规模化蔬菜基地	彭州市	敖平镇、丽春镇、桂花镇、丹景山镇、葛仙山镇、隆丰街道
	都江堰市	石羊镇、天马镇、聚源镇
东北部丘区生态蔬菜基地	金堂县	官仓街道、栖贤街道、赵家镇、福兴镇、云合镇、又新镇、竹篙镇
	青白江区	城厢镇、姚渡镇、福洪镇、清泉镇
	简阳市	禾丰镇、青龙镇、三星镇、石钟镇、施家镇、江源镇、镇金镇
西南部特色蔬菜基地	新津区	花桥街道、花源街道、普兴街道、兴义镇、安西镇、五津街道、永商镇、宝墩镇
	蒲江县	寿安街道
	邛崃市	羊安街道、高埂街道、固驿街道

蔬菜基地名称	区（市）县	重点乡镇（街道）
西部时令蔬菜基地	崇州市	隆兴镇、江源街道、三江街道
	大邑县	安仁镇、王泗镇、晋原街道、沙渠街道、悦来镇
龙门山反季节蔬菜基地	彭州市	通济镇、桂花镇
	都江堰市	龙池镇、玉堂街道、青城山镇
	崇州市	街子镇、怀远镇、文井江镇
	大邑县	花水湾镇

二、市场调剂型蔬菜基地规划布局区域

市场调剂型蔬菜基地主要布局在粮菜轮作区，以新都区、郫都区、双流区、彭州市、金堂县、新津区、崇州市、大邑县等8个国家蔬菜产业重点区（市）县为中心。按地理环境、生产特点和技术优势等，将成都市市场调剂型蔬菜基地划分为四个蔬菜区（详见表1-2）。主要功能：一是丰富本地蔬菜市场；二是参与国内冬春蔬菜市场调剂，为国内"三北"、珠江三角洲和港澳地区冬春淡季调剂。

（一）外调冬春蔬菜区

以国家蔬菜产业重点市彭州市为主，包含都江堰市在内的12个重点乡镇（街道）。该区域土壤肥沃，蔬菜种植历史悠久，已形成较好的市场条件和加工基础，其水旱轮作栽培技术相对比较先进，是市域内蔬菜产业发展最好的区域。重点发展莴笋、芹菜、大白菜、甘蓝等大宗喜冷凉蔬菜和薹头兼用型大蒜。重点推广瓜类、豆类蔬菜春露地生产技术，秋冬蔬菜生产技术和蔬菜无公害生产技术等。

（二）早春设施蔬菜区

包含双流区、郫都区、新都区、新津区4个国家蔬菜产业重点区和温江区在内的27个重点乡镇（街道）。该区域离主城区近，经济发达，温度相对较高，已经形成了一定规模的设施，适合发展早春设施蔬菜。重点发展茄果类、瓜类和豆类等适合早春设施栽培的蔬菜。重点推广早春蔬菜育苗技术、设施蔬菜栽培技术、水旱轮作栽培技术和蔬菜无公害生产技术等。

（三）坝区绿色蔬菜区

包含崇州市、大邑县2个国家蔬菜产业重点县（市）和邛崃市、蒲江县在

内的成都西部到南部平坝区域的 17 个重点乡镇（街道）。该区域以粮食种植为主，水资源丰富，无工业污染，生态环境好，蔬菜种植面积相对较小，蔬菜种植积极性高，蔬菜产业提升空间较大。重点发展芥菜、洋葱、豌豆尖、菠菜、大葱、菜薹、芋等特色喜冷凉蔬菜和以稻田蘑菇生产为特色的食用菌生产。重点推广绿色蔬菜和有机蔬菜生产技术、生态循环农业技术、蔬菜标准化生产技术、病虫害绿色防控技术等。

（四）丘区绿色蔬菜区

以国家蔬菜产业重点县金堂县为主，包含龙泉驿区、青白江区、简阳市在内的 21 个重点乡镇（街道）。该区域温度相对较高，有较长的蔬菜种植历史，是市域内较适合发展设施蔬菜、旱地粮菜轮作和水生蔬菜的区域，有较好的食用菌种植基础。重点发展茄果类、瓜类、豆类蔬菜早春设施和露地生产技术。重点推广早春蔬菜设施栽培技术、蔬菜间作套种技术、秋冬蔬菜生产技术、莲藕生产技术、蔬菜无公害生产技术等。

表 1-2　成都市市场调剂型蔬菜基地分布情况

蔬菜区名称	区（市）县	重点乡镇（街道）
外调冬春蔬菜区	彭州市	濛阳街道、天彭街道、九尺镇、隆丰街道、丽春镇、致和街道、敖平镇、葛仙山镇、桂花镇
	都江堰市	天马镇、石羊镇、聚源镇
早春设施蔬菜区	双流区	彭镇、黄水镇、永安镇、煎茶街道、黄龙溪镇
	郫都区	德源街道、安德街道、唐昌镇、团结街道、三道堰镇、红光街道
	温江区	万春镇、永宁街道、金马街道
	新都区	新繁街道、斑竹园街道、清流镇、军屯镇、石板滩街道、新都街道
	新津区	花桥街道、花源街道、普兴街道、兴义镇、宝墩镇、五津街道、永商镇
坝区绿色蔬菜区	崇州市	隆兴镇、道明镇、江源街道、三江街道、白头镇、羊马街道、观胜镇
	大邑县	晋原街道、安仁镇、王泗镇、悦来镇、邬江镇
	邛崃市	羊安街道、固驿街道、桑园镇、临邛街道
	蒲江县	寿安街道

续表1-2

蔬菜区名称	区（市）县	重点乡镇（街道）
丘区绿色蔬菜区	金堂县	官仓街道、赵镇街道、三溪镇、转龙镇、五凤镇、土桥镇
	龙泉驿区	洪安镇、西河街道、山泉镇、同安街道
	青白江区	城厢镇、姚渡镇、祥福镇、福洪镇
	简阳市	杨家镇、新市街道、平泉街道、赤水街道、石盘街道、东溪街道、雷家镇

第三节　蔬菜产业发展现状

一、种植及供应情况

近年来，成都市蔬菜种植面积基本稳定，单产逐年提高，生产能力逐年提升。

2022年，全市蔬菜及食用菌播种面积达274.4万亩。常年播种面积超过10万亩的主要品种有大白菜、萝卜、大蒜、莴笋、茄子、辣椒等。

目前，全市城乡居民常住人口约2100万，蔬菜产品的年需求量为530万吨左右（以城乡居民每人每天消费0.7千克鲜菜计算）。从总量上来说，成都市蔬菜生产完全可以保障城乡居民鲜菜消费基本供应，并且在稳定保供基础上，每年还有100万吨左右本地自产蔬菜用于加工和外销。

由于特定的气候条件和耕作习惯，成都市部分蔬菜品种常出现春、秋季节性短缺现象。低温是蔬菜生产"春淡"形成的重要影响因素，主要表现为寒潮、倒春寒、霜冻，严重影响蔬菜的冬春季正常生产。"秋淡"主要集中在8月至10月，高温多雨是"秋淡"形成的重要影响因素。大雨、暴雨多出现在6月至9月，秋绵雨主要集中在8月至9月，因洪水淹没菜地或绵雨积水成涝，日照大大减少，湿度过高，病害加剧，造成夏秋季蔬菜产量和品质下降。

为了有效缓解"两淡"蔬菜市场供应品种短缺的问题，成都市通过推广早春蔬菜设施化栽培，发展秋延后错季蔬菜生产，强化城郊保障性蔬菜基地建设，利用山区立体气候进行蔬菜反季节栽培，合作建立淡季蔬菜补充基地等措施，基本满足了城乡居民对蔬菜品种多样化的需求。

二、商品化处理情况

蔬菜产地商品化处理是提高蔬菜商品性，减少损耗的重要途径。近年来，成都市高度重视，努力补齐商品化处理这个短板。2019 年，成都市农业农村局从支农专项资金中调整了 900 万元，用于支持"菜篮子"产品产地冷链建设。2019 年，全市共建成蔬菜商品化处理设备及生产线 395 台（条），其中全自动商品化处理生产线 23 条，处理能力 5.1 万吨/年；贮藏设施 1457 座，其中 100 吨以上冷藏库 66 座，100 吨以上气调库 41 座；冷链运输车 85 台；烘干设施 38 座。

三、加工销售情况

泡菜和豆瓣是成都市传统的蔬菜加工品。目前，已建成以新都区新繁泡菜（食品）产业园为代表的以盐渍泡菜为主的泡菜加工区，以郫都区中国川菜产业城为代表的以郫县豆瓣为核心的调味品加工区。截至 2018 年底，全市共培育蔬菜加工企业 187 个；全市加工鲜菜 220 万吨，其中泡菜产量 41 万吨，豆瓣产量 168 万吨；年产值达 160 亿元。

成都市蔬菜的主要销售形式是大型批发市场销售与产地直销相结合。截至 2018 年底，全市共培育蔬菜批发市场 44 个，其中大型批发市场销售量约占全年生产量的 52%，产地直销量约占全年生产量的 48%。近年来，成都市积极发挥四川国际农产品交易中心作为全国重要的市场价格形成中心、产销信息服务中心、物流集散中心的作用，构建了四川国际农产品交易中心＋产地批发市场＋镇级蔬菜市场、冷藏集配中心、协会＋营销大户的蔬菜营销管理流通组织形式。

四、品牌建设情况

成都市实施品牌发展战略，以"菜博会"为载体，结合"天府源"市级公用品牌的创建，鼓励龙头企业、专业合作社、家庭农场、种植大户进行出口备案基地、"绿色食品"、ISO 标准化体系以及"三品一标"申请认证，进一步扩大全市蔬菜品牌影响力。目前，成都市获得农业部颁发的"农产品地理标志登记证书"的农产品有龙王贡韭、金堂姬菇、新津韭黄、彭州莴笋、云桥圆根萝卜、都江堰方竹笋、新都大蒜、明月雷竹笋等，获准注册地理标志证明商标的有郫县豆瓣、新都泡菜、温江大蒜、金堂羊肚菌、新津韭黄等。

第四节　蔬菜主要种类及品种

成都市蔬菜品种繁多，按农业生物学分类法，分为 13 类（不含食用菌）73 种 400 多个品种。现按农业生物学分类法，介绍成都市蔬菜主要种类及品种。

一、白菜类蔬菜

白菜类蔬菜属十字花科，主要包括大白菜、小白菜、瓢儿白、紫菜薹（又称红菜薹、红油菜）和菜心（又称菜薹）等。食用部分为绿叶、叶球、花薹和嫩茎。

（一）大白菜

主要品种有健春、良庆、春夏王、强春、春福皇、TI-145、强势、高冷地、四季王、夏阳 50、小杂 56、福山白、丰抗 70、丰抗 90 等。

（二）小白菜

主要品种有京研系列快菜、德高快菜、丰抗 60 等。

（三）瓢儿白

主要品种有上海青、抗热青、矮抗青、二月慢等。

（四）紫菜薹

主要品种有尖叶子油菜薹、二早子、阴花红油菜薹等。

（五）菜心

主要品种有四九菜心、油青系列等。

二、甘蓝类蔬菜

甘蓝类蔬菜属十字花科，主要包括结球甘蓝（简称甘蓝，又称卷心菜，本地俗称莲花白）、花菜（又称花椰菜）和青花菜（又称西兰花）等。食用部分为叶球和花球。

（一）结球甘蓝

主要品种有春福来、寒将军、鸡心甘蓝、成甘 1 号、甘杂新 1 号、甘杂

8号、京丰1号、中甘系列、西园系列、大乌叶、二乌叶等。

（二）花菜

主要品种有西河大花、成都二花、日本雪宝、白玉、白阳、温州花菜系列、福建花菜系列等。

（三）青花菜

主要品种有格隆、耐寒优秀、炎秀等。

三、芥菜类蔬菜

芥菜类蔬菜属十字花科，主要包括茎用芥菜、根用芥菜、叶用芥菜和薹用芥菜等。

（一）茎用芥菜

儿菜（又称抱子芥）以其肥大的肉质茎及其肉质侧芽作为食用部分，主要品种有临江儿菜等；棒菜（又称笋子芥）以其肥大的棒状肉质茎作为食用部分，主要品种有花叶棒菜、马脚杆等；榨菜以其膨大的瘤状茎作为食用部分，将其嫩茎经过腌渍、压榨加工成微干状态后供食用，主要品种有涪杂1号、涪杂2号、涪丰14、永安小叶等。

（二）根用芥菜

大头菜属于根用芥菜，是芥菜的一个变种，是四川特有的蔬菜地方品种。大头菜的球根味辛辣，不宜鲜食或煎炒、煮食，一般用于腌制加工。主要品种有二马桩（又称成都大头菜）、荷包大头菜等。

（三）叶用芥菜

叶用芥菜在成都通称青菜，以叶供食用，主要品种有二月青、三月青、倒灌青等。

（四）薹用芥菜

多用其柔嫩的花薹制作具有特殊风味的冲辣菜，主要品种为小叶冲辣菜（又称冲冲菜、冲菜）。

四、绿叶类蔬菜

绿叶类蔬菜指生长迅速、植株矮小、适于密植而以生产绿叶为主的一类蔬菜，主要以柔嫩的叶片供食用，也以叶柄和茎部或以嫩梢供食用。主要包括莴笋、生菜、菠菜、芹菜、蕹菜（又称藤藤菜、空心菜）、落葵（又称软浆叶、木耳菜）、冬葵（又称冬寒菜）、苋菜、芫荽（又称香菜）等。

（一）莴笋

主要品种有三青、二叶子、黑牛皮、竹筒青、挂丝红、二青皮、二白皮、种都 3 号、科兴尖叶 9 号、夏抗 38、白洋棒等。

（二）生菜

主要品种有意大利生菜、南海软尾、玻璃生菜、紫生菜、大湖等。

（三）菠菜

主要品种有大圆叶、二圆叶、荷兰绿等。

（四）芹菜

本芹主要品种有二黄芹、草白芹等，西芹主要品种有高优它、优它系列等。

（五）蕹菜

因扦插繁殖，不易变异，品种单一，分为水蕹菜（又称小叶种或大蕹菜）和旱蕹菜（又称大叶种），主要选用水蕹菜。

（六）落葵

分为红梗落葵和青梗落葵两种类型，适宜选用青梗落葵。

（七）冬葵

主要有大棋盘和小棋盘两个品种，生产上以栽培大棋盘为主。

（八）苋菜

依叶形分为尖叶苋和圆叶苋两种类型。生产上以栽培圆叶苋为主，有红苋30、大红袍、圆叶红苋等品种。

（九）芫荽

一般分为大叶香菜和小叶香菜两种类型，前者高产但香味淡，后者香味浓但产量低。生产上以栽培大叶香菜为主，有意大利香菜、泰国香菜等品种。

五、茄果类蔬菜

茄果类蔬菜属茄科，主要包括番茄（又称西红柿）、茄子、辣椒等。

（一）番茄

主要品种有瑞丽、齐达利、索菲亚、普罗旺斯、粉佳丽、川红 1 号、川粉红1号、千禧、黄妃、红瑞娜等。

（二）茄子

主要品种有三月茄、蓉杂茄系列、竹丝茄、墨茄等。

（三）辣椒

主要品种有二荆条、川腾系列、红冠系列、湘研系列、种都系列等。

六、瓜类蔬菜

瓜类蔬菜属葫芦科，主要包括黄瓜、南瓜、冬瓜、丝瓜、苦瓜等。

（一）黄瓜

主要品种有燕白、津优系列、津研系列、川绿系列等。

（二）南瓜

分为南瓜（中国南瓜）、笋瓜（印度南瓜）、西葫芦（美洲南瓜）三种类型。主要品种有蜜本南瓜、磨盘南瓜、奶油南瓜、板栗南瓜、贝贝南瓜等。

（三）冬瓜

主要品种有五叶子冬瓜、蓉抗4号、蓉抗5号、青皮大冬瓜、一串铃冬瓜、川粉冬瓜一号、巨丰1号、吉乐冬瓜等。

（四）丝瓜

主要品种有蓉杂丝瓜1号、蓉杂丝瓜2号、蓉杂丝瓜3号、蓉杂4号、早冠406、早佳丝瓜、三比2号等。

（五）苦瓜

主要品种有碧秀、新秀、大白苦瓜、白玉苦瓜等。

七、豆类蔬菜

豆类蔬菜主要包括菜豆（又称四季豆、芸豆）、豇豆（又称豆角）、菜用豌豆（又称荷兰豆）、扁豆（又称峨眉豆）和菜用大豆（又称毛豆）等。食用部分为嫩豆荚或嫩豆粒。

（一）菜豆

主要品种有红花白荚四季豆、红花青荚四季豆、科兴1号菜豆、精品超级架豆王等。

（二）豇豆

主要品种有成豇系列、之豇系列、春秋红、秋豇512、种都挂面2号、小五叶子等。

（三）菜用豌豆

主要品种有食荚大菜豌6号、食荚大菜豌8号、台中11号等。

（四）扁豆

分为白花扁豆和紫花扁豆两种类型。

（五）菜用大豆

其嫩豆粒称为青豆，老豆粒称为黄豆。主要品种有奎丰1号、辽豆15号、K丰82-6、贡鲜豆4号等。

八、根菜类蔬菜

根菜类蔬菜指以肉质根作为食用部分的蔬菜，主要包括萝卜和胡萝卜。

（一）萝卜

主要品种有春不老圆根萝卜、青头萝卜、特新白玉春、白玉夏、玄武萝卜、夏抗、枇杷缨满身红萝卜等。

（二）胡萝卜

本地胡萝卜品种为农家自留种，如撬把子。

九、薯芋类蔬菜

薯芋类蔬菜一般指富含淀粉，以块茎、根茎、球茎等作为食用部分的蔬菜，生产上多采用营养器官繁殖。主要包括生姜、地瓜（学名豆薯）、芋和魔芋等。

（一）生姜

主要品种有竹根姜、二黄姜、小黄姜、南姜、白口姜等。

（二）地瓜

主要品种有黄板子、红子、青子、粉红子、白毛子等。

（三）芋

包括魁芋、多头芋、多子芋，以多子芋居多。成都市芋品种有邛崃红嘴芋、邛崃黑秆芋、新津白嘴芋、人头芋、大邑旱芋、大邑水芋、槟榔芋、双流水芋、金堂乌脚青、川魁芋 1 号等。

（四）魔芋

分为花魔芋和白魔芋两种类型。

十、葱蒜类蔬菜

葱蒜类蔬菜属百合科，主要包括大蒜、韭菜、大葱和洋葱等。食用部分为叶和叶的变态器官。

（一）大蒜

主要品种有云顶早、正月早、二季早、二水早、成蒜早 2 号、成蒜早 3 号、软叶子、红七星等。

（二）韭菜

主要品种有西（犀）蒲韭、马蔺韭等。

（三）大葱

主要品种有章丘大葱、日本铁杆（俗称钢葱）等。

（四）洋葱

根据颜色分为红皮洋葱、白皮洋葱和黄皮洋葱。成都市主要栽培红皮洋葱。

十一、水生蔬菜

水生蔬菜指适合在淡水环境中生长的一类蔬菜。成都市主要栽培莲藕，主要品种有鄂莲 5 号、鄂莲 6 号、鄂莲 7 号（又称珍珠藕）、新一号等。

十二、多年生蔬菜

多年生蔬菜指一次播种或栽植能连续生长和采收两年以上的蔬菜，主要包括竹笋、石刁柏（又称芦笋）、金针菜（又称黄花）和香椿（又称春芽）等。

（一）竹笋

主要品种有雷竹笋、牛尾笋、方竹笋等。

（二）石刁柏

根据颜色分为绿色芦笋、紫色芦笋和白色芦笋，主要品种有特利龙、丰岛

2 号、加早 F1、航育 958F1、金冠、盛丰 F1 等。

（三）金针菜

主要品种有五月花、大乌嘴、猛子花等。

（四）香椿

分布在大邑县、崇州市、邛崃市、简阳市等地。适合大棚栽培的品种有红香椿、褐香椿、红芽绿等，适合露地种植的品种有红叶椿、黑油椿、红油椿、青油椿等。

十三、其他蔬菜

主要包括芽苗菜类、黄秋葵、折耳根（学名蕺菜，又称鱼腥草）及部分野生植物，它们对环境条件的要求及可供食用的器官均不相同。

第五节　蔬菜主推生产技术

近年来，成都市以提高蔬菜育苗效能、促进蔬菜绿色生产、推动蔬菜生产省力化、加快蔬菜生产机械化为目标，依托科研机构、大专院校、民营企业，每年示范推广蔬菜生产技术 20 余项，为增加农民收入、发展农村经济、保障全市"菜篮子"供给奠定了良好的基础。

一、蔬菜先进育苗技术

成都市大力推广了蔬菜工厂化育苗技术，包括穴盘育苗、电热线育苗、嫁接育苗、漂浮育苗等育苗新技术。

比如，茄子高效嫁接关键技术。近年来，成都市茄子保护地栽培面积日益增加，土地轮作困难，导致茄子黄萎病等土传病害频发，危害严重，严重制约了茄子产业的可持续发展。针对上述问题，研究集成了茄子高效嫁接关键技术。该技术嫁接苗成活率高达 97% 以上，可使连作田块茄子的黄萎病等土传病害发病率低于 5%；在非发病田块，嫁接苗较自根苗采收期延长，产量增加 10% 以上。每茬减少药剂灌根 2 次以上，减少叶部病害防治施药 2 次以上，劳动强度较传统种植大幅下降，节本增收 2000 元/亩以上，确保了茄子的丰产稳产，实现了茄子产业的可持续发展，有效地增加了农民收入。

二、蔬菜绿色防控技术

成都市积极推广了有机蔬菜和绿色蔬菜生产技术，重点推广了病虫害绿色防控技术，包括有利于实现化肥减量的平衡施肥技术、有机肥替代化肥施肥技术，有利于提升土壤有机质含量的蔬菜秸秆还田、稻草还田、沼肥应用等技术，有利于减少病虫害的大棚避雨栽培技术，有利于减少化学农药使用的物理、生物绿色防控技术。

比如，韭菜（黄）高产优质绿色生产技术。近年来，成都市韭菜（黄）产区出现了严重影响产量和品质的叶片干尖病、病虫害危害、连作重茬、栽培管理技术落后四大突出问题，韭菜（黄）产量普遍偏低，优品率不足30％。针对上述主要问题，成都市创新集成了以"干尖病治理技术＋病虫害绿色防控技术＋高产栽培技术"为核心的韭菜（黄）高产优质绿色生产技术。近几年对韭菜（黄）产区推广应用区的调查结果显示，技术应用区韭菜干尖病等病虫害的平均防效为85.28％，化肥施用量平均减少20％左右，化学农药用量平均减少30％以上，生产的韭菜（黄）产品经检验合格率达100％，韭黄平均增产652.4千克/亩，增收3000元/亩以上。

三、蔬菜省力化生产技术

成都市大力推广了秋冬莴笋轻简高效直播覆膜栽培技术、南瓜省工节本高产高效栽培技术、滴喷灌节水灌溉技术、水肥一体化技术、测土配方施肥技术等省力化生产技术。

比如，水肥一体化技术。该技术利用压力灌溉系统，将肥料溶于施肥器中，并随水通过各级管道，最终以点滴、雾滴等形式施入土壤或作物根区。该技术通过作物营养诊断、土壤养分以及水分诊断，实时、准确、定量地将水肥施在作物根区，实现按需供给，既能降低劳动力成本，提高劳动效率，又能有效减少施肥量，改善作物根系生长环境，提高产品品质，实现稳产高产，节本增收效果显著。对示范区的调查结果显示，该技术有效改善了作物生长微环境，病害发生率降低30％～80％；提高肥料利用率15％～40％，节肥15％～30％，节水25％～50％，省工10～15个，产品品质及商品性提高，节本增收500～1500元/亩。

四、蔬菜机械化生产技术

成都市示范推广了露地蔬菜机械化生产技术，包括菠菜、小白菜、瓢儿白、萝卜、胡萝卜、大蒜等蔬菜机械化播种技术，以及甘蓝、大白菜、莴笋、花菜、青菜、生菜等蔬菜全程机械化整地、移栽、施肥、植保、收获等生产技术。

比如，生菜—水稻—生菜轮作全程机械化生产技术。该技术选用适宜机械种植且生育期适宜的水稻和生菜品种，配套机械化秸秆（残茬）处理、育苗、耕整、起垄、移栽、植保、收获、烘干等技术，实现生菜—水稻—生菜轮作模式全程机械化作业。该技术既能降低劳动强度，减少用工成本，又能提高生产效率和种植效益。根据用户反馈和典型调查统计，采用该技术水稻可以节本增收180元/亩以上，生菜可以节本增收350元/亩以上。

蔬菜机械化生产技术配套的机械如下：①整地施肥机，包括土壤消毒机、激光或卫星平地机、开沟精整机、起垄覆膜机、多功能起垄精整施肥机、无人驾驶侧深施肥密植插秧机；②播种机，包括电动蔬菜播种机、四驱气吸式萝卜大白菜播种机、手推式大蒜播种机；③移栽机，包括乘坐式半自动移栽机、悬挂式半自动移栽机；④植保机，包括动力喷雾机、自走式喷杆式喷雾机、植保无人机、乘坐式割草机；⑤收获机，包括豆类收获机、甘蓝收获机、韭菜收获机、萝卜收获机、切根式菠菜收获机、菜薹收获机、叶菜收获机；⑥采后处理机，包括蔬菜清洗机、蔬菜捆扎机、轨道运输机；⑦田园清洁机，包括动力破碎机、高密度精密蔬菜灭茬机。

第二章　蔬菜周年栽培模式

利用气候条件和栽培技术，成都市形成了多种栽培模式，主要有粮（油）、菜周年复合栽培模式，多年生蔬菜栽培模式，一年两茬蔬菜栽培模式，一年三茬蔬菜栽培模式，一年多茬蔬菜栽培模式和蔬菜套作栽培模式。

第一节　粮（油）、菜周年复合栽培模式

经不完全调查，成都市有十二类粮（油）、菜周年复合栽培模式：①水稻—大蒜；②马铃薯—夏秋果菜；③夏秋果菜—冬油菜、小麦；④早春叶菜—水稻—秋冬根叶菜；⑤大棚早春果菜—水稻—秋冬叶菜；⑥水稻—秋根叶菜—洋葱；⑦水稻—秋根叶菜—小麦；⑧马铃薯—水稻—秋冬叶菜；⑨春玉米—早秋蒜苗—秋冬蒜苗；⑩小拱棚早春鲜食玉米—水稻—秋冬叶菜；⑪小拱棚早春鲜食玉米—早秋鲜食玉米—秋冬根叶菜；⑫小拱棚早春大白菜—水稻—秋莴笋—冬莴笋。现将不同栽培模式的茬口安排、栽培品种、周年效益和模式分布介绍如下。

一、水稻—大蒜

（一）茬口安排

第一茬水稻于 4 月上旬育秧，5 月上旬至中旬移栽，8 月下旬至 9 月中旬收获。

第二茬大蒜于 9 月至 10 月上旬直播，次年 3 月至 4 月采收蒜薹，4 月至 5 月采收蒜头。

（二）栽培品种

第一茬水稻宜选用中熟品种，如泸两优晶灵、川作优 619、天优华占等。

第二茬大蒜选用正月早、云顶早、二季早、红七星等品种。

（三）周年效益

第一茬每亩收获水稻 1100～1200 斤，产值 1430～1560 元。

第二茬每亩收获蒜薹 700～1200 斤，产值 3500～6000 元；收获蒜头 1000～2000 斤，产值 4000～1 万元。大蒜综合产值一般为 9000～1.4 万元。

全年合计每亩产值 1.04 万～1.56 万元。

（四）模式分布

该栽培模式主要分布于彭州市、郫都区、温江区、新都区等地。

二、马铃薯—夏秋果菜

（一）茬口安排

第一茬马铃薯于 11 月中旬直播，次年 3 月下旬至 4 月下旬收获。

第二茬种植豇豆、黄瓜等。豇豆于 5 月上旬直播，6 月中旬至 8 月中旬收获。黄瓜于 6 月上旬直播，7 月中旬至 9 月上旬收获。

（二）栽培品种

第一茬马铃薯根据市场需求选择适合的品种，如中薯 2 号、中薯 5 号、兴佳 2 号、川芋 18 等。

第二茬豇豆选用成豇系列、之豇系列的中晚熟品种；黄瓜选用燕白、津优系列、津研系列等品种。

（三）周年效益

第一茬每亩收获马铃薯 3500～4500 斤，产值 3500～4500 元。

第二茬每亩收获豇豆 3000～5000 斤，产值 4500～7500 元；收获黄瓜 5000～7000 斤，产值 6000～8400 元。

全年合计每亩产值 8000～1.29 万元。

（四）模式分布

该栽培模式主要分布于龙泉驿区、青白江区、金堂县等地。

三、夏秋果菜—冬油菜、小麦

（一）茬口安排

第一茬种植茄子、豇豆、黄瓜等。茄子于 4 月下旬育苗，5 月下旬移栽，7 月下旬至 10 月上中旬收获。豇豆于 5 月下旬直播，7 月上旬至 9 月上旬收获。黄瓜于 6 月上旬直播，7 月中旬至 9 月上旬收获。

第二茬种植油菜、小麦。油菜于 9 月中下旬育苗，10 月上中旬移栽，次年 5 月中旬至下旬收获。小麦于 10 月中下旬至 11 月上旬直播，次年 5 月上中旬收获。

（二）栽培品种

第一茬茄子选用耐热、抗病、高产、优质的中晚熟品种，如竹丝茄、墨茄等；豇豆选用成豇系列、之豇系列的中晚熟品种；黄瓜选用津优系列、津研系列等品种。

第二茬油菜选用德油 5 号、川油 48、德兴油 12、中油杂 19 等品种；小麦选用川麦 104、川辐 7 号、科成麦 4 号、中科麦 138 等品种。

（三）周年效益

第一茬每亩收获茄子 7000～1 万斤，产值 5600～8000 元；收获豇豆 3000～5000 斤，产值 4500～7500 元；收获黄瓜 5000～7000 斤，产值 6000～8400 元。

第二茬每亩收获油菜 350～400 斤，产值 1050～1200 元；收获小麦 700～800 斤，产值 840～960 元。

全年合计每亩产值 5340～9600 元。

（四）模式分布

该栽培模式主要分布于彭州市、青白江区等地。

四、早春叶菜—水稻—秋冬根叶菜

（一）茬口安排

第一茬种植大白菜、甘蓝、莴笋、芹菜等。大白菜、甘蓝、莴笋、芹菜于 1 月中下旬至 2 月初育苗，2 月中下旬至 3 月上中旬移栽，4 月下旬至 5 月中旬收获。

第二茬水稻于 4 月中旬育秧，5 月中旬移栽，9 月上旬至中旬收获。

第三茬种植芹菜、甘蓝、儿菜、莴笋、萝卜。芹菜于 8 月上旬育苗，9 月下旬移栽，12 月中旬收获。甘蓝于 8 月中旬育苗，9 月中旬移栽，次年 1 月至 2 月初收获。儿菜于 8 月下旬育苗，9 月下旬移栽，次年 1 月底至 2 月初收获。莴笋于 9 月上旬育苗，10 月上旬移栽，12 月下旬至次年 1 月上旬收获。萝卜于 9 月下旬直播，12 月至次年 1 月收获。

（二）栽培品种

第一茬大白菜选用春福皇、健春、强春等品种。甘蓝选用春福来、春丰、春雷、甘杂 8 号、京丰 1 号等品种。莴笋选用竹筒青、黑牛皮等品种。芹菜选用二黄芹、草白芹等品种。

第二茬水稻宜选用中熟品种，如雅优 637、泸两优晶灵、川作优 619 等。

第三茬芹菜选用二黄芹、草白芹等品种。甘蓝选用寒将军等品种。儿菜选用优质、抗病、丰产的中熟品种。莴笋选用黑牛皮、三青、二叶子等品种。萝卜选用春不老圆根萝卜、青头萝卜、特新白玉春等品种。

（三）周年效益

第一茬每亩收获大白菜、甘蓝 8000～1 万斤，产值 4000～5000 元；收获莴笋 4000～7000 斤，产值 3200～5600 元；收获芹菜 5000～7000 斤，产值 7500～1.05 万元。

第二茬每亩收获水稻 1100～1200 斤，产值 1430～1560 元。

第三茬每亩收获芹菜 5000～8000 斤，产值 7500～1.2 万元；收获甘蓝 8000～1 万斤，产值 4000～5000 元；收获儿菜 5000～6000 斤，产值 3000～3600 元；收获莴笋 7000～1 万斤，产值 4200～6000 元；收获萝卜 8000～1 万斤，产值 3200～4000 元。

全年合计每亩产值 7630～2.41 万元。

（四）模式分布

该栽培模式主要分布于彭州市、都江堰市、新都区、青白江区等地。

五、大棚早春果菜—水稻—秋冬叶菜

（一）茬口安排

第一茬种植茄子、辣椒、番茄、西葫芦、黄瓜、苦瓜、丝瓜、豇豆等。茄子、辣椒、番茄于 10 月育苗，次年 1 月至 2 月大棚（＋小拱棚）＋地膜覆盖移栽，4 月上旬至 6 月中旬收获。西葫芦于 11 月中旬育苗，12 月中旬大棚＋小拱棚＋地膜覆盖移栽，次年 2 月中旬至 5 月初收获。黄瓜于 12 月下旬育苗，次年 2 月初大棚＋地膜覆盖移栽，4 月中旬至 5 月下旬收获。苦瓜于 12 月下旬育苗，次年 2 月上旬大棚＋地膜覆盖移栽，4 月中旬至 6 月中旬收获。丝瓜于 2 月上旬育苗，3 月上旬移栽，4 月底至 6 月中旬收获。豇豆于 2 月上中旬育苗，3 月中旬大棚＋地膜覆盖移栽，5 月上旬至 6 月中旬收获。大棚早春果菜收获完毕后，对简易钢架大棚进行揭膜、拆架。

第二茬种植水稻。水稻于 4 月中旬旱地育秧，6 月中旬大苗移栽，9 月中旬至下旬收获。

第三茬种植甘蓝、莴笋、大白菜、花菜、儿菜等。甘蓝于8月中旬育苗，9月中旬移栽，11月中旬至下旬收获。莴笋、大白菜、花菜、儿菜于8月下旬育苗，9月下旬移栽，莴笋11月中旬收获，大白菜12月上旬收获，花菜12月中旬至次年1月中旬收获，儿菜次年1月底至2月初收获。

（二）栽培品种

第一茬茄子选用三月茄、蓉杂茄系列等品种。辣椒选用二荆条、湘研系列、川腾系列、种都系列等品种。番茄选用耐低温、抗病性好的早中熟品种，如瑞丽、齐达利、索菲亚、普罗旺斯、粉佳丽等。西葫芦选用耐寒、抗病、丰产的品种。黄瓜选用燕白、津优系列等品种。苦瓜选用大白苦瓜等品种。丝瓜选用蓉杂丝瓜2号、蓉杂丝瓜3号、蓉杂4号、早冠406等品种。豇豆选用成豇系列、之豇系列的早熟品种。

第二茬水稻宜选用中熟品种，如辐优838、川作优619、天优华占等。

第三茬甘蓝选用耐热、抗病、丰产的品种，如成甘1号。莴笋选用竹筒青、红尖叶、三青等品种。大白菜选用TI-145等品种。花菜、儿菜选用优质、抗病、丰产的品种。

（三）周年效益

第一茬每亩收获茄子、番茄、黄瓜7000～1万斤，产值8400～1.2万元；收获线辣椒2000～2500斤或菜椒5000～6000斤，产值8000～1万元；收获西葫芦7000～1万斤，产值5600～8000元；收获苦瓜6000～7000斤，产值9000～1.05万元；收获丝瓜4000～6000斤，产值6400～9600元；收获豇豆3000～4500斤，产值5400～8100元。

第二茬每亩收获水稻1100～1200斤，产值1430～1560元。

第三茬每亩收获甘蓝6000～7000斤，产值3600～4200元；收获莴笋5000～6000斤，产值4000～4800元；收获大白菜8000～1万斤，产值4000～5000元；收获花菜3000～5000斤，产值3600～6000元；收获儿菜5000～6000斤，产值3000～3600元。

全年合计每亩产值9830～1.96万元。

（四）模式分布

该栽培模式主要分布于新津区、彭州市、郫都区、龙泉驿区等地。

六、水稻—秋根叶菜—洋葱

（一）茬口安排

第一茬水稻于 4 月中下旬育秧，5 月下旬移栽，8 月底至 9 月上旬收获。

第二茬种植萝卜、小白菜。萝卜、小白菜于 9 月上旬直播，小白菜 10 月中旬收获，萝卜 11 月上旬收获。

第三茬洋葱于 9 月底育苗，11 月底移栽，次年 5 月收获。

（二）栽培品种

第一茬水稻宜选用早熟品种，如川作优 8727 等品种。

第二茬萝卜选用高产、优质的早熟品种，如 60 早、青头萝卜。小白菜选用京研系列快菜、德高快菜等品种。

第三茬洋葱选用红皮洋葱品种，如二红皮。

（三）周年效益

第一茬每亩收获水稻 1000～1100 斤，产值 1300～1430 元。

第二茬每亩收获萝卜 4000～5000 斤，产值 3200～4000 元；收获小白菜 3000～4000 斤，产值 3000～4000 元。

第三茬每亩收获洋葱 6000～8000 斤，产值 3600～4800 元。

全年合计每亩产值 7900～1.02 万元。

（四）模式分布

该栽培模式主要分布于大邑县等地。

七、水稻—秋根叶菜—小麦

（一）茬口安排

第一茬水稻于 4 月中旬育秧，5 月中旬移栽，8 月下旬收获。

第二茬种植萝卜、小白菜、生菜等，宜用遮阳网覆盖栽培。萝卜、小白菜于 8 月底至 9 月初直播，萝卜 10 月下旬至 11 月初收获，小白菜 10 月上旬收获。生菜于 8 月上旬育苗，9 月初移栽，10 月中旬收获。

第三茬小麦于 10 月底至 11 月上旬直播，次年 5 月上中旬收获。

（二）栽培品种

第一茬水稻宜选用早熟品种，如川作优 8727 等品种。

第二茬萝卜选用高产、优质的早熟品种，如枇杷缨满身红萝卜。小白菜选用京研系列快菜、德高快菜等品种。生菜选用意大利生菜等品种。

第三茬小麦选用川麦 104、川辐 7 号、科成麦 4 号、中科麦 138 等品种。

（三）周年效益

第一茬每亩收获水稻 1000～1100 斤，产值 1300～1430 元。

第二茬每亩收获萝卜 4000～5000 斤，产值 3200～4000 元；收获小白菜 3000～4000 斤，产值 3000～4000 元；收获生菜 4000～6000 斤，产值 4000～6000 元。

第三茬每亩收获小麦 700～800 斤，产值 840～960 元。

全年合计每亩产值 5140～8390 元。

（四）模式分布

该栽培模式主要分布于新都区、邛崃市、大邑县等地。

八、马铃薯—水稻—秋冬叶菜

（一）茬口安排

第一茬马铃薯于 12 月直播，次年 4 月下旬至 5 月上旬收获。

第二茬水稻于 4 月上中旬育秧，5 月中旬移栽，8 月下旬至 9 月下旬收获。

第三茬种植莴笋、大白菜、娃娃菜等。莴笋、大白菜、娃娃菜于 8 月中下旬育苗，9 月下旬移栽，娃娃菜 10 月下旬至 11 月中旬收获，莴笋、大白菜 11 月至 12 月收获。

（二）栽培品种

第一茬马铃薯根据市场需求选择适合的品种，如中薯 2 号、中薯 5 号、兴佳 2 号、川芋 18 等。

第二茬水稻宜选用中晚熟品种，如雅优 637、川作优 619、天优华占、川种优 3607、内 5 优 907 等。

第三茬莴笋选用竹筒青、红尖叶等品种。大白菜选用 TI-145 等品种。娃娃菜选用鼎丰等品种。

（三）周年效益

第一茬每亩收获马铃薯 3500～4500 斤，产值 3500～4500 元。

第二茬每亩收获水稻 1100～1300 斤，产值 1430～1690 元。

第三茬每亩收获莴笋 5000～7000 斤，产值 4000～5600 元；收获大白菜

8000~1万斤，产值 4000~5000 元；收获娃娃菜 3000~4000 斤，产值 3600~4800 元。

全年合计每亩产值 8530~1.18 万元。

（四）模式分布

该栽培模式主要分布于彭州市、新都区等地。

九、春玉米—早秋蒜苗—秋冬蒜苗

（一）茬口安排

第一茬玉米于 3 月下旬直播，7 月下旬收获。

第二茬蒜苗于 8 月初直播（覆盖遮阳网栽培，蒜种须进行低温处理），10 月收获。

第三茬蒜苗于 10 月直播，12 月至次年 2 月收获。

（二）栽培品种

第一茬玉米根据市场需求选择适合的饲用玉米品种，如仲单 1701、正玉 1818、冠单 23、荣玉 1608、众星玉 1 号等。

第二、三茬蒜苗选用软叶子、正月早、二水早、二季早等大蒜品种。

（三）周年效益

第一茬每亩收获玉米 800~1100 斤，产值 800~1100 元。

第二、三茬蒜苗每茬每亩收获 2000~4000 斤，产值 6000~1.2 万元，两茬产值 1.2 万~2.4 万元。

全年合计每亩产值 1.28 万~2.51 万元。

（四）模式分布

该栽培模式主要分布于简阳市、青白江区等地。

十、小拱棚早春鲜食玉米—水稻—秋冬叶菜

（一）茬口安排

第一茬鲜食玉米于 1 月底育苗，2 月中旬小拱棚+地膜覆盖移栽，5 月底至 6 月初收获。

第二茬水稻于 4 月中下旬育秧，5 月底至 6 月初移栽，9 月下旬收获。

第三茬种植棒菜、花菜、莴笋等。棒菜于 8 月下旬育苗，9 月下旬移栽，

次年1月底至2月初收获。花菜、莴笋于9月上旬育苗，10月上旬移栽，莴笋12月下旬至次年1月上旬收获，花菜次年1月中旬至2月上旬收获。

（二）栽培品种

第一茬鲜食玉米根据市场需求选择适合的品种，如超甜2000、绿色超人、京科糯2000等。

第二茬水稻宜选用中熟品种，如雅优637、川作优619、天优华占等。

第三茬棒菜、花菜选用优质、抗病、丰产的品种。莴笋选用三青、特耐寒二青皮等品种。

（三）周年效益

第一茬每亩收获鲜食玉米1600~2200斤，产值2400~3300元。

第二茬每亩收获水稻1100~1200斤，产值1430~1560元。

第三茬每亩收获棒菜7000~8000斤，产值4200~4800元；收获花菜3000~5000斤，产值3600~6000元；收获莴笋7000~1万斤，产值4200~6000元。

全年合计每亩产值7430~1.09万元。

（四）模式分布

该栽培模式主要分布于龙泉驿区、新津区等地。

十一、小拱棚早春鲜食玉米—早秋鲜食玉米—秋冬根叶菜

（一）茬口安排

第一茬鲜食玉米于1月底育苗，2月中旬小拱棚+地膜覆盖移栽，5月底至6月初收获。

第二茬鲜食玉米于5月中旬育苗，6月初移栽，8月上旬至中旬收获。

第三茬种植甘蓝、儿菜、榨菜、萝卜等。甘蓝于8月中旬育苗，9月中旬移栽，次年1月至2月初收获。儿菜于8月下旬育苗，9月下旬移栽，次年1月底至2月初收获。榨菜于9月上中旬育苗，10月中旬移栽，次年1月底至2月中旬收获。萝卜于9月上旬直播，12月至次年1月收获。

（二）栽培品种

第一、二茬鲜食玉米根据市场需求选择适合的品种，如苏玉糯11、绿色超人、京科糯2000等。

第三茬甘蓝选用寒将军、中甘系列等品种。儿菜选用优质、抗病、丰产的中熟品种。榨菜选用永安小叶、涪杂2号等品种。萝卜选用碧玉等品种。

（三）周年效益

第一、二茬鲜食玉米每茬每亩收获 1600~2200 斤，产值 2080~2860 元，两茬产值 4160~5720 元。

第三茬每亩收获甘蓝 8000~1 万斤，产值 4000~5000 元；收获儿菜 5000~6000 斤，产值 3000~3600 元；收获榨菜 4000~5000 斤，产值 2400~3000 元；收获萝卜 8000~1 万斤，产值 3200~4000 元。

全年合计每亩产值 6560~1.07 万元。

（四）模式分布

该栽培模式主要分布于龙泉驿区等地。

十二、小拱棚早春大白菜—水稻—秋莴笋—冬莴笋

（一）茬口安排

第一茬大白菜于 1 月上旬育苗，2 月上旬小拱棚＋地膜覆盖移栽，4 月中旬至下旬收获。

第二茬水稻于 4 月上旬育秧，5 月上旬移栽，8 月中旬收获。

第三茬莴笋于 8 月初育苗，8 月中下旬移栽（宜短期覆盖遮阳网），10 月上旬收获。

第四茬莴笋于 9 月中旬育苗，10 月中旬移栽，次年 1 月至 2 月初收获。

（二）栽培品种

第一茬大白菜选用春福皇、强春等品种。

第二茬水稻宜选用早熟品种，如川作优 8727 等。

第三茬莴笋选用白洋棒、大花叶等品种。

第四茬莴笋选用黑牛皮、竹筒青等品种。

（三）周年效益

第一茬每亩收获大白菜 8000~1 万斤，产值 4800~6000 元。

第二茬每亩收获水稻 1000~1100 斤，产值 1300~1430 元。

第三茬每亩收获莴笋 4000~6000 斤，产值 4000~6000 元。

第四茬每亩收获莴笋 7000~1 万斤，产值 4200~6000 元。

全年合计每亩产值 1.43 万~1.94 万元。

（四）模式分布

该栽培模式主要分布于彭州市等地。

第二节　多年生蔬菜栽培模式

成都市有两类典型的多年生蔬菜栽培模式：①韭菜（黄）周年栽培模式；②折耳根周年栽培模式。现将不同栽培模式的茬口安排、栽培品种、周年效益和模式分布介绍如下。

一、韭菜（黄）周年栽培模式

（一）茬口安排

韭菜（黄）主要分为春、秋两季播种，一般春季 3 月育苗，6 月至 7 月移栽；秋季 9 月至 10 月育苗，次年 3 月至 4 月移栽。韭菜首次收割距移栽 10～12 个月，以后每隔 6～8 个月收割 1 次。韭菜割叶后软化栽培，经 2～4 个月生长，首次收割韭黄，以后每隔 8～12 个月收割 1 次。韭菜花每年 5 月至 9 月陆续收获，7 月至 8 月进入丰产期。韭菜（黄）一般 3～5 年换种 1 次。

（二）栽培品种

韭菜（黄）选用西（犀）蒲韭等品种。

（三）周年效益

韭菜一般两年收获 3～4 次，每次收获亩产 6000～8000 斤，产值 1.2 万～1.6 万元，全年每亩产值 1.8 万～3.2 万元。

韭黄一般两年收获 3 次，每次收获亩产 3000～4000 斤，产值 1.8 万～2.4 万元，全年每亩产值 2.7 万～3.6 万元。

韭菜花每年收获 1 次，亩产约 1000 斤，全年每亩产值约 2500 元。

（四）模式分布

该栽培模式主要分布于郫都区、新都区、新津区、简阳市等地。

二、折耳根周年栽培模式

（一）茬口安排

折耳根于 5 月至 6 月扦插，次年 2 月首次收割，先采收 1～2 次芽，每隔 1 个月采收 1 次；再采收 2～3 次叶，每隔 2～3 个月采收 1 次，采收期长达 10 年以上。

（二）栽培品种

折耳根选用野生、红秆、无毛的优质品种。

（三）周年效益

全年采收折耳根芽 1～2 次，每亩每次采收约 4000 斤，共计采收 4000～8000 斤，产值 1.2 万～2.4 万元；采收折耳根叶 2～3 次，每亩每次采收约 2500 斤，共计采收 5000～7500 斤，产值 1 万～1.5 万元。

全年合计每亩产值 2.2 万～3.9 万元。

（四）模式分布

该栽培模式主要分布于新都区、彭州市等地。

第三节　一年两茬蔬菜栽培模式

经不完全调查，成都市有六类一年两茬蔬菜栽培模式：①生姜—秋冬叶菜；②夏秋果菜—大蒜；③春露地果菜—秋冬根叶菜；④大棚早春果菜—秋延后果菜；⑤长季节蕹菜（空心菜）—紫菜薹、棒菜；⑥长季节落葵（软浆叶）—菠菜、冬寒菜。现将不同栽培模式的茬口安排、栽培品种、周年效益和模式分布介绍如下。

一、生姜—秋冬叶菜

（一）茬口安排

第一茬生姜于 3 月中下旬至 4 月上旬地膜覆盖直播，8 月至 9 月底收获。

第二茬种植甘蓝、儿菜、棒菜等。甘蓝于 8 月底育苗，9 月底移栽，次年 2 月上旬收获。儿菜、棒菜于 9 月上旬育苗，10 月上旬移栽，次年 2 月至 3 月收获。

（二）栽培品种

第一茬生姜选用竹根姜、二黄姜、小黄姜、白口姜等品种。

第二茬甘蓝选用寒将军、春福来等品种。儿菜、棒菜选用优质、抗病、丰产的晚熟品种。

（三）周年效益

第一茬每亩收获生姜 5000～6000 斤，产值 1.5 万～1.8 万元。

第二茬每亩收获甘蓝 8000～1 万斤，产值 4000～5000 元；收获儿菜、棒菜 7000～8000 斤，产值 4200～4800 元。

全年合计每亩产值 1.9 万～2.3 万元。

（四）模式分布

该栽培模式主要分布于郫都区、都江堰市、彭州市、简阳市等地。

二、夏秋果菜—大蒜

（一）茬口安排

第一茬种植茄子、豇豆、黄瓜等。茄子于 3 月中旬育苗，4 月底至 5 月初移栽，7 月上旬至 9 月中旬收获。豇豆于 5 月下旬直播，7 月上旬至 9 月上旬收获。黄瓜于 6 月上旬直播，7 月中旬至 9 月上旬收获。

第二茬大蒜于 9 月中旬至 10 月上旬直播，次年 3 月至 4 月收获蒜薹，4 月底至 5 月初收获蒜头。

（二）栽培品种

第一茬茄子选用竹丝茄、墨茄等品种。豇豆选用成豇系列、之豇系列的中晚熟品种。黄瓜选用燕白、津优系列、川绿系列等品种。

第二茬大蒜选用红七星、二水早等品种。

（三）周年效益

第一茬每亩收获茄子 7000～9000 斤，产值 5600～7200 元；收获豇豆 3000～5000 斤，产值 4500～7500 元；收获黄瓜 5000～7000 斤，产值 6000～8400 元。

第二茬每亩收获蒜薹 700～1200 斤，产值 3500～6000 元；收获蒜头 1000～2000 斤，产值 4000～8000 元。大蒜综合产值一般为 7500～1.4 万元。

全年合计每亩产值 1.35 万～2.24 万元。

（四）模式分布

该栽培模式主要分布于彭州市等地。

三、春露地果菜—秋冬根叶菜

（一）茬口安排

第一茬种植辣椒、茄子、苦瓜、冬瓜、丝瓜、黄瓜等。辣椒、茄子于

10月中旬育苗，次年3月中下旬地膜覆盖露地移栽，5月中旬至8月中下旬收获；或3月上旬育苗，4月下旬地膜覆盖露地移栽，6月下旬至8月下旬收获。苦瓜于2月初育苗，3月下旬地膜覆盖露地移栽，6月下旬至9月下旬收获。冬瓜采用嫁接育苗，可以防治枯萎病，砧木、接穗于2月上旬依次播种，3月初进行嫁接，3月下旬至4月初地膜覆盖露地移栽，6月中下旬至7月中下旬收获。丝瓜于3月初育苗，4月初地膜覆盖露地移栽，6月上旬至9月中旬收获。黄瓜于3月上旬育苗，4月初地膜覆盖露地移栽，5月底至7月中旬收获。

第二茬种植甘蓝、花菜、西兰花、莴笋、大白菜、儿菜、萝卜、青菜等。甘蓝于7月中下旬育苗，8月中下旬移栽，12月中下旬收获。花菜、西兰花于9月初育苗，10月初移栽，12月下旬至次年1月收获。莴笋、大白菜于9月上旬育苗，10月上旬移栽，12月至次年1月收获。儿菜于9月上旬育苗，10月上旬移栽，次年2月至3月收获。萝卜于10月上旬直播，12月至次年1月收获。青菜于10月上旬育苗，11月上旬移栽，次年3月收获。

（二）栽培品种

第一茬辣椒选用二荆条、磨盘椒、湘研系列、种都系列等品种。茄子选用竹丝茄、墨茄等品种。苦瓜选用碧秀、新秀等品种。冬瓜选用五叶子冬瓜、蓉抗系列等品种。丝瓜选用蓉杂丝瓜1号、蓉杂丝瓜2号、蓉杂丝瓜3号等品种。黄瓜选用津优系列、津研系列等品种。

第二茬甘蓝选用绿园4号、西园系列等品种。花菜、西兰花选用优质、抗病、丰产的品种。莴笋选用二叶子、竹筒青、三青等品种。大白菜选用TI-145等品种。儿菜选用优质、抗病、丰产的晚熟品种。萝卜选用春不老圆根萝卜、青头萝卜、特新白玉春等品种。青菜选用三月青等品种。

（三）周年效益

第一茬每亩收获线辣椒3000～3500斤或菜椒5000～8000斤，产值6000～8000元；收获茄子9000～1.1万斤，产值6300～7700元；收获苦瓜8000～1万斤，产值7200～9000元；收获冬瓜8000～1.2万斤，产值4800～7200元；收获丝瓜5000～8000斤，产值5000～8000元；收获黄瓜7000～1万斤，产值4900～7000元。

第二茬每亩收获甘蓝7000～8000斤，产值3500～4000元；收获花菜3000～5000斤，产值3600～6000元；收获西兰花2000～4000斤，产值4000～6400元；收获莴笋7000～1万斤，产值4200～6000元；收获大白菜8000～1万斤，产值4000～5000元；收获儿菜7000～8000斤，产值4200～4800元；

收获萝卜8000~1万斤，产值3200~4000元；收获青菜3500~4000斤，产值2800~3200元。

全年合计每亩产值8000~1.54万元。

（四）模式分布

该栽培模式主要分布于简阳市、郫都区、都江堰市、新都区、崇州市、金堂县、双流区、邛崃市等地。

四、大棚早春果菜—秋延后果菜

（一）茬口安排

第一茬种植茄子、辣椒、番茄、黄瓜、苦瓜、豇豆等。茄子、辣椒于10月上旬育苗，次年2月上旬大棚+地膜覆盖移栽，茄子4月上旬至6月下旬收获，辣椒4月上旬至8月上旬收获。番茄于11月中旬育苗，次年1月中旬大棚+小拱棚+地膜覆盖移栽，5月初至6月底收获。黄瓜于12月下旬育苗，次年2月上旬大棚+地膜覆盖移栽，4月中旬至5月下旬收获。苦瓜于1月中旬育苗，2月底至3月初大棚+地膜覆盖移栽，5月中下旬至8月上旬收获。豇豆于2月上中旬育苗，3月中旬大棚+地膜覆盖移栽，5月上旬至6月中旬收获。

第二茬大棚内种植茄子、番茄、苦瓜、黄瓜等。茄子6月下旬收获后，断枝再生新枝结果，8月上旬至10月收获；或6月中旬育苗，7月中旬移栽，9月上旬至11月下旬收获。番茄于6月中旬育苗，7月中旬移栽，9月中旬至11月中旬收获。苦瓜于6月中旬育苗，7月中旬移栽，9月中旬至11月中旬收获。黄瓜于8月上旬直播，9月下旬至11月中旬收获。

（二）栽培品种

茄子选用墨茄、蓉杂茄系列等品种。辣椒选用二荆条、湘研系列、种都系列等品种。番茄选用瑞丽、齐达利、普罗旺斯等品种。黄瓜选用燕白、津优系列等品种。苦瓜选用新秀、碧秀等品种。豇豆选用成豇系列、之豇系列的早熟品种。

（三）周年效益

第一茬每亩收获茄子、番茄、黄瓜7000~1万斤，产值8400~1.2万元；收获线辣椒3000~3500斤或菜椒6000~8000斤，产值9000~1.1万元；收获苦瓜8000~1万斤，产值1.12万~1.4万元；收获豇豆3000~4500斤，产值

5400~8100 元。

第二茬每亩收获茄子、番茄 6000~8000 斤，产值 7800~1.04 万元；收获苦瓜 7000~8000 斤，产值 8400~9600 元；收获黄瓜 5000~7000 斤，产值 7000~9800 元。

全年合计每亩产值 1.24 万~2.38 万元。

（四）模式分布

该栽培模式主要分布于都江堰市、邛崃市、崇州市、简阳市、新都区、龙泉驿区、青白江区等地。

五、长季节蕹菜（空心菜）—紫菜薹、棒菜

（一）茬口安排

第一茬蕹菜于 2 月下旬在大棚内扦插，3 月下旬至 9 月下旬分批收获。

第二茬紫菜薹、棒菜于 9 月上旬育苗，10 月上旬移栽，紫菜薹 12 月中旬收获，棒菜次年 2 月中旬至下旬收获。

（二）栽培品种

第一茬蕹菜选用圆叶水蕹菜品种。

第二茬紫菜薹选用阴花红油菜薹品种。棒菜选用优质、抗病、丰产的晚熟品种。

（三）周年效益

第一茬蕹菜采收 6 个月，合计每亩产量 1.5 万~2.2 万斤，产值 1.5 万~2.2 万元。

第二茬每亩收获紫菜薹 4000~5000 斤，产值 4000~5000 元；收获棒菜 7000~8000 斤，产值 4200~4800 元。

全年合计每亩产值 1.9 万~2.7 万元。

（四）模式分布

该栽培模式主要分布于龙泉驿区、新都区、彭州市等地。

六、长季节落葵（软浆叶）—菠菜、冬寒菜

（一）茬口安排

第一茬落葵于 2 月上旬在大棚内播种，3 月下旬至 8 月下旬分批收获。

第二茬菠菜、冬寒菜于9月直播，菠菜11月收获，冬寒菜11月至次年2月初分批收获。

（二）栽培品种

落葵、冬寒菜选用优质、抗病、丰产的品种。菠菜选用大圆叶品种。

（三）周年效益

第一茬落葵采收5个月，合计每亩产量1.7万~2.4万斤，产值1.7万~2.4万元。

第二茬每亩收获菠菜、冬寒菜3000~4000斤，产值3000~4000元。

全年合计每亩产值2万~2.8万元。

（四）模式分布

该栽培模式主要分布于龙泉驿区等地。

第四节　一年三茬蔬菜栽培模式

经不完全调查，成都市有三类一年三茬蔬菜栽培模式：①大棚早春果菜—早秋叶（果）菜—秋冬叶菜；②早春叶菜（速生类）—生姜—秋冬叶菜；③早春根叶菜—夏秋叶菜—秋冬根叶菜。现将不同栽培模式的茬口安排、栽培品种、周年效益和模式分布介绍如下。

一、大棚早春果菜—早秋叶（果）菜—秋冬叶菜

（一）茬口安排

第一茬种植辣椒、茄子、黄瓜、苦瓜、豇豆等。辣椒、茄子于10月上旬育苗，次年2月上旬大棚+地膜覆盖移栽，4月上旬至6月下旬收获。黄瓜于12月下旬育苗，次年2月上旬大棚+地膜覆盖移栽，4月中旬至5月下旬收获。苦瓜于1月中旬育苗，2月底至3月初大棚+地膜覆盖移栽，5月中下旬至8月上旬收获。豇豆于2月上中旬育苗，3月中旬大棚+地膜覆盖移栽，5月上旬至6月中旬收获。

第二茬种植豇豆、黄瓜、莴笋、大白菜、油麦菜、生菜等。豇豆于6月下旬直播，8月上旬至9月中旬收获。黄瓜于6月下旬直播，8月上旬至9月下旬收获。莴笋、大白菜、油麦菜、生菜于7月下旬育苗，8月中下旬移栽（宜

短期覆盖遮阳网），9月下旬至10月上旬收获。

第三茬种植甘蓝、棒菜、青菜、莴笋、大白菜、花菜等。甘蓝于8月中旬育苗，9月中旬移栽，次年1月至2月初收获。棒菜、青菜于8月下旬育苗，9月下旬移栽，次年1月底至2月初收获。莴笋、大白菜、花菜于9月上旬育苗，10月上旬移栽，莴笋、大白菜12月至次年1月收获，花菜次年1月至2月收获。

（二）栽培品种

第一茬辣椒选用二荆条、湘研系列、种都系列等品种。茄子选用三月茄、蓉杂茄系列等品种。黄瓜选用燕白、津优系列等品种。苦瓜选用新秀、碧秀等品种。豇豆选用成豇系列、之豇系列的早熟品种。

第二茬豇豆选用成豇系列、之豇系列的早熟品种。黄瓜选用燕白、津优系列等品种。莴笋选用科兴尖叶9号等品种。大白菜选用早熟5号、丰抗70等品种。油麦菜选用优质、抗病、丰产的品种。生菜选用意大利生菜等品种。

第三茬甘蓝选用寒将军等品种。棒菜选用花叶棒菜等品种。青菜选用二月青、倒灌青等品种。莴笋选用三青、竹筒青、二叶子等品种。大白菜选用TI-145等品种。花菜选用优质、抗病、丰产的中熟品种。

（三）周年效益

第一茬每亩收获线辣椒2000～2500斤或菜椒5000～6000斤，产值8000～1万元；收获茄子、黄瓜7000～1万斤，产值8400～1.2万元；收获苦瓜8000～1万斤，产值1.12万～1.4万元；收获豇豆3000～4500斤，产值5400～8100元。

第二茬每亩收获豇豆3000～4000斤，产值4500～6000元；收获黄瓜5000～7000斤，产值6000～8400元；收获莴笋、油麦菜、生菜4000～6000斤，产值4000～6000元；收获大白菜5000～7000斤，产值3500～4900元。

第三茬每亩收获甘蓝、大白菜8000～1万斤，产值4000～5000元；收获棒菜、青菜5000～6000斤，产值3000～3600元；收获莴笋7000～1万斤，产值4200～6000元；收获花菜3000～5000斤，产值3600～6000元。

全年合计每亩产值1.19万～2.64万元。

（四）模式分布

该栽培模式主要分布于彭州市、新津区、简阳市、金堂县、郫都区、邛崃市、新都区、都江堰市等地。

二、早春叶菜（速生类）—生姜—秋冬叶菜

（一）茬口安排

第一茬种植小白菜、生菜等。小白菜于 2 月底地膜覆盖直播，4 月初收获。生菜于 1 月上旬育苗，2 月上旬地膜覆盖移栽，4 月上旬收获。

第二茬生姜于 4 月上旬地膜覆盖直播，8 月至 9 月底收获。

第三茬种植花菜等。花菜于 8 月底育苗，9 月底移栽，12 月至次年 1 月收获。

（二）栽培品种

第一茬小白菜选用京研系列快菜、德高快菜等品种。生菜选用意大利生菜等品种。

第二茬生姜选用小黄姜、二黄姜、白口姜等品种。

第三茬花菜选用优质、抗病、丰产的中熟品种。

（三）周年效益

第一茬每亩收获小白菜 3000~4000 斤，产值 3000~4000 元；收获生菜 5000~7000 斤，产值 4000~5600 元。

第二茬每亩收获生姜 5000~6000 斤，产值 1.5 万~1.8 万元。

第三茬每亩收获花菜 3000~5000 斤，产值 3600~6000 元。

全年合计每亩产值 2.16 万~2.96 万元。

（四）模式分布

该栽培模式主要分布于金堂县等地。

三、早春根叶菜—夏秋叶菜—秋冬根叶菜

（一）茬口安排

第一茬种植芹菜、萝卜等。芹菜于 2 月初育苗，3 月中旬移栽，5 月下旬收获。萝卜于 3 月中旬直播，5 月中旬至 6 月中旬收获。

第二茬种植甘蓝、莴笋等。甘蓝于 6 月上旬育苗，7 月上旬移栽（宜短期覆盖遮阳网），9 月下旬至 10 月上旬收获。莴笋于 7 月下旬育苗，8 月中下旬移栽（宜短期覆盖遮阳网），9 月下旬至 10 月上旬收获。

第三茬种植莴笋、蒜苗、萝卜等。莴笋于 9 月上旬育苗，10 月上旬移栽，12 月至次年 1 月收获。蒜苗于 10 月上旬直播，12 月至次年 2 月收获。萝卜于

10月上旬直播，12月至次年1月收获。

（二）栽培品种

第一茬芹菜选用草黄等品种。萝卜选用红铜罐、雪凤凰等品种。

第二茬甘蓝选用耐热、抗病、丰产的早中熟品种，如甘杂新1号、西园系列。莴笋选用科兴尖叶9号等品种。

第三茬莴笋选用三青等品种。蒜苗选用软叶子等品种。萝卜选用红铜罐、雪凤凰等品种。

（三）周年效益

第一茬每亩收获芹菜5000～7000斤，产值7500～1.05万元；收获红铜罐萝卜6000～7000斤，产值4200～4900元，或收获雪凤凰萝卜1万～1.2万斤，产值5000～6000元。

第二茬每亩收获甘蓝6000～7000斤，产值4200～4900元；收获莴笋4000～6000斤，产值4000～6000元。

第三茬每亩收获莴笋7000～1万斤，产值4200～6000元；收获蒜苗4000～6000斤，产值1万～1.5万；收获红铜罐萝卜6000～7000斤，产值4200～4900元，或收获雪凤凰萝卜1万～1.2万斤，产值5000～6000元。

全年合计每亩产值1.24万～3.15万元。

（四）模式分布

该栽培模式主要分布于崇州市等地。

第五节　一年多茬蔬菜栽培模式

经不完全调查，成都市有四类一年多茬蔬菜栽培模式：①大棚早春番茄—夏芹菜—秋莴笋—冬莴笋；②大棚早春茄子—夏莴笋—秋豇豆—冬莴笋；③早春菠菜—春芹菜—夏芹菜—早秋蒜苗—秋冬蒜苗；④速生叶菜一年多茬高效栽培模式。现将不同栽培模式的茬口安排、栽培品种、周年效益和模式分布介绍如下。

一、大棚早春番茄—夏芹菜—秋莴笋—冬莴笋

（一）茬口安排

第一茬番茄于12月初育苗，次年2月上旬大棚＋地膜覆盖移栽，5月至7月收获。

第二茬芹菜于5月上中旬育苗，7月上旬移栽（宜短期覆盖遮阳网），8月下旬收获。

第三茬莴笋于9月初育苗，10月初移栽，12月上旬收获。

第四茬莴笋于11月上旬大棚育苗，12月上旬大棚移栽，次年2月上旬收获。

（二）栽培品种

第一茬番茄选用耐低温、抗病、优质的品种。

第二茬芹菜选用二黄芹、草白芹等品种。

第三、四茬莴笋选用三青等品种。

（三）周年效益

第一茬每亩收获番茄7000~1万斤，产值8400~1.2万元。

第二茬每亩收获芹菜4000~6000斤，产值1万~1.5万元。

第三茬每亩收获莴笋5000~7000斤，产值4000~5600元。

第四茬每亩收获莴笋7000~9000斤，产值4200~5400元。

全年合计每亩产值2.66万~3.8万元。

（四）模式分布

该栽培模式主要分布于新津区等地。

二、大棚早春茄子—夏莴笋—秋豇豆—冬莴笋

（一）茬口安排

第一茬茄子于9月底至10月上旬育苗，次年2月上旬大棚＋地膜覆盖移栽，4月上旬至6月下旬收获。

第二茬莴笋于6月上旬育苗，7月初移栽（宜短期覆盖遮阳网），8月上旬收获。

第三茬豇豆于7月中旬育苗，8月上旬移栽，9月上旬至10月中旬收获。

第四茬莴笋于9月中旬育苗，10月中旬移栽，次年1月至2月初收获。

（二）栽培品种

第一茬茄子选用三月茄等品种。

第二茬莴笋选用科兴尖叶 9 号等品种。

第三茬豇豆选用成豇系列、之豇系列的早熟品种。

第四茬莴笋选用三青、翡翠等品种。

（三）周年效益

第一茬每亩收获茄子 7000～1 万斤，产值 8400～1.2 万元。

第二茬每亩收获莴笋 4000～5000 斤，产值 4800～6000 元。

第三茬每亩收获豇豆 3000～4000 斤，产值 4500～6000 元。

第四茬每亩收获莴笋 7000～1 万斤，产值 4200～6000 元。

全年合计每亩产值 2.19 万～3 万元。

（四）模式分布

该栽培模式主要分布于新津区等地。

三、早春菠菜—春芹菜—夏芹菜—早秋蒜苗—秋冬蒜苗

（一）茬口安排

第一茬菠菜于 1 月直播，3 月收获。

第二茬芹菜于 12 月至次年 1 月育苗，3 月下旬移栽，5 月中旬收获。

第三茬芹菜于 4 月上旬育苗，5 月中旬移栽（光照强烈时，宜短期覆盖遮阳网），6 月下旬收获。

第四茬蒜苗于 7 月上旬直播（覆盖遮阳网栽培，蒜种须进行低温处理），8 月下旬至 9 月下旬收获。

第五茬蒜苗于 8 月下旬至 9 月下旬直播，10 月至次年 1 月收获。

（二）栽培品种

第一茬菠菜选用大圆叶等品种。

第二、三茬芹菜选用二黄芹等品种。

第四、五茬蒜苗选用软叶子等品种。

（三）周年效益

第一茬每亩收获菠菜 3000～5000 斤，产值 2400～4000 元。

第二、三茬芹菜每茬每亩平均收获 4000～7000 斤，产值 7200～1.26 万元，两茬产值 1.44 万～2.52 万元。

第四、五茬蒜苗每茬每亩平均收获 2000~4000 斤，产值 1 万~2 万元，两茬产值 2 万~4 万元（反季节栽培蒜苗难度大，但效益高）。

全年合计每亩产值 3.68 万~6.92 万元。

（四）模式分布

该栽培模式主要分布于新都区等地。

四、速生叶菜一年多茬高效栽培模式

（一）茬口安排

速生叶菜指小白菜、瓢儿白、菜心、生菜等生长周期较短的叶菜。

大棚小白菜、瓢儿白、菜心一年种植 6~7 茬，采用直播栽培方式，一般从播种到采收需要 30~45 天。

生菜一年种植 5~6 茬，采用育苗移栽方式，苗龄 30 天左右，一般从移栽到采收需要 45 天左右。在寒冷和高温季节，采用简易保护设施栽培。

（二）栽培品种

小白菜选用京研系列快菜、德高快菜等品种。瓢儿白选用上海青、矮抗青等品种。菜心选用四九菜心、油青系列等品种。生菜选用意大利生菜等品种。

（三）周年效益

每茬每亩收获小白菜 3000~5000 斤，瓢儿白 3000~4000 斤，菜心 1800~2500 斤。全年可收获 6~7 茬，合计每亩产量 1.1 万~2.5 万斤，产值 2.5 万~3.5 万元。

每茬每亩收获生菜 5000~8000 斤，全年可收获 5~6 茬，合计每亩产量2.5 万~4.8 万斤，产值 2 万~3.84 万元。

（四）模式分布

大棚小白菜、瓢儿白、菜心周年高效栽培模式主要分布于双流区、新都区、崇州市等地。生菜周年高效栽培模式主要分布于郫都区等地。

第六节　蔬菜套作栽培模式

经不完全调查，成都市有两类蔬菜套作栽培模式：①大棚早春果菜（套苦瓜）—秋冬芥菜；②大棚早春叶（果）菜（套苦瓜或丝瓜）—秋苦瓜。现将不同栽培模式的茬口安排、栽培品种、周年效益和模式分布介绍如下。

一、大棚早春果菜（套苦瓜）—秋冬芥菜

（一）茬口安排

第一茬种植辣椒、茄子等。辣椒、茄子于 10 月上旬育苗，次年 2 月上中旬大棚+地膜覆盖移栽，4 月上旬至 6 月中下旬收获。

苦瓜套作方式：苦瓜于 2 月中下旬育苗，4 月上旬套作于大棚内侧两边，7 月底至 8 月初满棚，9 月至 10 月收获。

第二茬种植棒菜、儿菜等芥菜。棒菜、儿菜于 9 月上旬育苗，10 月上旬移栽，次年 1 月至 2 月收获。

（二）栽培品种

第一茬辣椒选用抗病力和抗逆性强、优质、高产、商品性好、适合目标市场需求的二荆条、川椒系列、川优系列等早熟品种。茄子选用三月茄等春早熟品种。套作苦瓜可选用专业育苗公司培育的嫁接苗，品种以碧秀、新秀为宜。

第二茬棒菜多选用本地马脚杆等品种。儿菜选用临江儿菜等品种。

（三）周年效益

第一茬每亩收获线辣椒 2000～2500 斤或菜椒 5000～6000 斤，产值 8000～1 万元；收获茄子 7000～1 万斤，产值 8400～1.2 万元；收获套作苦瓜 8000～1 万斤，产值 8000～1 万元。

第二茬每亩收获芥菜 5000～6000 斤，产值 3000～3600 元。

全年合计每亩产值 1.9 万～2.56 万元。

（四）模式分布

该栽培模式主要分布于郫都区等地。

二、大棚早春叶（果）菜（套苦瓜或丝瓜）—秋苦瓜

（一）茬口安排

第一茬种植黄瓜、大白菜、苋菜、落葵、蕹菜等。黄瓜于 1 月中旬育苗，2 月中旬大棚内移栽，4 月中旬至 5 月中旬收获。大白菜于 1 月上旬育苗，2 月上旬大棚内移栽，4 月中旬至下旬收获。苋菜、落葵、蕹菜于 2 月上旬大棚内播种，3 月下旬至 5 月初收获。

苦瓜或丝瓜套作方式：苦瓜于 1 月上旬育苗，2 月下旬套作于大棚内侧两

边，5月初至7月初收获。丝瓜于2月下旬育苗，3月下旬套作于大棚内侧两边，5月初至7月初收获。

第二茬种植苦瓜。苦瓜于6月初育苗，7月初移栽于大棚内侧两边，8月中旬至11月中旬收获。

（二）栽培品种

第一茬黄瓜选用燕白等品种。大白菜选用春福皇、强春等品种。苋菜选用圆叶红苋等品种。落葵、蕹菜选用优质、抗病、丰产的品种。套作苦瓜选用白玉苦瓜等品种。套作丝瓜选用蓉杂丝瓜2号、蓉杂丝瓜3号、蓉杂4号、早冠406等品种。

第二茬苦瓜选用白玉苦瓜等品种。

（三）周年效益

第一茬每亩收获黄瓜7000~9000斤，产值8400~1.08万元；收获大白菜8000~1万斤，产值4000~5000元；收获苋菜3000~4000斤，产值4500~6000元；收获落葵、蕹菜3000~4000斤，产值4500~6000元；收获套作苦瓜6000~7000斤，产值9000~1.05万元，或收获套作丝瓜4000~6000斤，产值6000~9000元。

第二茬每亩收获苦瓜7000~8000斤，产值8400~9600元。

全年合计每亩产值1.84万~3.09万元。

（四）模式分布

该栽培模式主要分布于新都区等地。

第三章　蔬菜育苗技术

育苗是蔬菜生产中的一个重要技术环节，幼苗质量的优劣直接关系到蔬菜的生长发育、产量和质量。按有无保护设施划分，有露地育苗和保护地育苗两种方式。按育苗方式划分，有常规育苗、嫁接育苗、扦插育苗、无土育苗等多种方式。下面以露地育苗、保护地育苗和嫁接育苗为例，将全市蔬菜育苗技术介绍如下。

第一节　露地育苗

一、露地育苗蔬菜类型

成都市蔬菜露地育苗多用于甘蓝类（甘蓝、花菜）、白菜类（大白菜）、芥菜类（棒菜、儿菜、青菜）、绿叶类（芹菜、莴笋、生菜）、葱蒜类（韭菜、大葱）等喜凉蔬菜，也用于露地栽培的茄果类（茄子、辣椒、番茄）、瓜类（黄瓜、苦瓜、丝瓜、冬瓜）、豆类（豇豆、菜豆）等喜温蔬菜。本节主要介绍喜凉蔬菜的露地育苗技术。

二、苗床制作

（一）苗床场地选择

苗床场地选择应注意四个方面：一是地势高燥、排灌方便，能减轻全市7月至8月暴雨危害；二是床土深厚、肥沃、疏松；三是2~3年未种过同科蔬菜，没有或少有病原菌和害虫；四是交通便利、靠近水源，减少移栽秧苗的距离，以及长途运输造成的损伤。

（二）苗床土配置

一般要求有机质含量15％~20％，全氮含量0.5％~1％，速效氮含量大于 60～100 毫克/千克，速效磷含量大于 100～150 毫克/千克，速效钾含量大于 100 毫克/千克，总空隙约 60％。普通菜园土往往不够肥沃、疏松，有机质含量偏低，为促进秧苗的生长发育，一般每亩用腐熟农家肥 1000～2000 千克。苗床土在使用前要测定土壤 pH 值，并将其调节到 6～7。

（三）苗床土消毒

苗床土通常可用多菌灵、甲基硫菌灵、辛硫磷、二嗪磷、噻虫嗪、敌磺钠等药剂消毒，或单独使用枯草芽孢杆菌消毒，也可用石灰消毒。

1. 多菌灵、甲基硫菌灵

每平方米用 8 克 50％多菌灵可湿性粉剂或 8 克 70％甲基硫菌灵可湿性粉剂，与 10 千克细土拌匀制成药土，施药前苗床浇底水，取三分之一的药土撒于床土表面，播种后用余下的三分之二盖土，可防治炭疽病、灰霉病、霜霉病、枯萎病等病害。

2. 辛硫磷、二嗪磷

每平方米用 5 克 3％辛硫磷颗粒剂或 2 克 4％二嗪磷颗粒剂，与适量的细土拌匀，撒施于床土表面，并翻耕入土，可有效杀死地老虎、金针虫、蝼蛄等地下害虫。

3. 枯草芽孢杆菌

每平方米用 3～5 克枯草芽孢杆菌制剂，撒施于床土表面，并翻耕入土，可预防土传病害。

4. 石灰

每平方米用 90～120 克石灰，与床土拌匀，通过调节土壤 pH 值来减少病虫害发生。

（四）制作苗床

播种前半个月翻耕炕土，改善土壤理化性状，杀死土壤浅层中的害虫。床土表面要平整，翻细耙平，或用机械整地，将土块打碎，使土地平整、土肥混匀。一般做成厢宽 1～2 米、沟宽 30～40 厘米、沟深 10～20 厘米的苗床。苗床不宜过宽，以免苗期管理、移栽不便；长度根据田块大小而定，不宜过长，以免田块两端不平整、肥力不均匀。

三、播种方法

（一）确定播种期

播种期应根据生产计划、当地气候条件、蔬菜种类、苗床设备、育苗技术及栽培方式等具体情况来综合决定。外界气温要适宜，满足种子发芽的温度条件。在此前提下，以适宜移栽期为依据，减去秧苗苗龄，向前推算播种期。

（二）确定播种量

成都市常见露地育苗蔬菜，每亩定植大田播种量分别为：大白菜 50～60 克，菜心 80～100 克，甘蓝 50～60 克，花菜 20～30 克，棒菜 25～30 克，儿菜 25 克，大头菜 50 克，榨菜 50～70 克，莴笋 50～60 克，生菜 25～30 克，本芹 80～90 克，西芹 40～50 克，大葱 500～700 克，韭菜 1000 克。

（三）种子处理

种子处理的方法主要有种子包衣、种子消毒、浸种、催芽、温度处理等。

1. 种子包衣

种子包衣也称种子丸粒化，指按一定比例将杀菌剂、杀虫剂、肥料、植物生长调节剂、染料、填充剂等物质黏着在种子外表，加工成大小、形状无明显差异的球形单粒种子。种子包衣具有减轻病虫害、促进幼苗健壮、提高产量等作用。在机械化播种前进行种子包衣，便于精确控制播种量，节省种子，提高播种质量。种子包衣多用于比较小的种子，如甘蓝、芹菜、莴笋等。经包衣处理过的种子可不再消毒。

2. 种子消毒

蔬菜的病虫害有许多是经种子传染的，带菌的种子又会传染给幼苗和成株，从而导致蔬菜病虫害的发生。成都市郊区菜农常用高锰酸钾、多菌灵等药剂进行种子消毒。现将主要的种子消毒方法介绍如下。

（1）药粉拌种。

药粉拌种比较安全、简便，效力也持久，方法是将药剂与种子充分拌匀，一般用药量为种子重量的 0.2%～0.4%。比如防治生菜、大白菜霜霉病、黑斑病，可用 75% 百菌清可湿性粉剂，按种子重量的 0.2% 拌种。

（2）药水浸种。

药水浸种要注意安全用药，药剂用量、处理时间、浓度必须准确；否则会发生药害，或达不到杀菌目的。药水浸种前，一般种子用清水预浸 4～6 小时，再放入配好的药水中，浸泡 15～30 分钟后捞出。药水浸种后，要用清水反复清洗，再进行常规浸种催芽。

（3）温汤浸种。

温汤浸种是常用的浸种方法，不但可以促进发芽，还能杀死附着在种子上的病原菌。具体做法：将种子浸入 50℃～55℃温水中，水量为种子量的 5～6 倍，边浸种边搅拌。为维持所需温度，将温度计插入水中，并随时补充温水，保持该温度 15～20 分钟，待水温降至 30℃时停止搅拌，继续浸种。

3. 浸种

浸种有利于种子吸水膨胀，开始萌动，促进发芽，特别是一些种皮坚硬、吸水及透气缓慢的种子如芹菜种子，浸种能缩短其发芽的时间。浸种时间以种子吸水饱和为度，种皮厚的种子浸种时间可以长些。一般在 20℃左右水温下，甘蓝、花菜浸种 3～4 小时，大白菜浸种 2～4 小时，莴笋浸种 5～6 小时，芹菜浸种 24～48 小时。浸种时间长的种子，注意每天换水淘洗，防止种子因与空气隔绝过久而缺氧。还要注意用水清洁，以免种子腐烂。

4. 催芽

种子浸水膨胀后，捞出用纱布包裹，放于 15℃～20℃环境中进行催芽。催芽期间每天用清水清洗种子 1～2 遍，以利于散热和消除黏液，补充水分和氧气；每隔 4～5 小时进行翻倒，以保证出芽整齐。待大部分种子露白，可停止催芽。

5. 温度处理

露地育苗的蔬菜多是耐寒或半耐寒的，其发芽最适温度为 15℃～20℃，高出 25℃就会延迟发芽。低温处理利用萌动的种子对环境适应性强的特点，使其产生能适应高温、低温的特性。喜凉蔬菜莴笋、芹菜、生菜等在高温季节播种，种子须经过低温催芽，一般浸种后用冰箱冷藏催芽，莴笋需 2 天，芹菜需 5～7 天，生菜需 1～2 天，待大部分种子露白后再播种。

（四）播种

平整苗床后浇足底水，以湿透床土 10 厘米为宜，保证出苗前不缺水。甘蓝、花菜、大白菜、莴笋等蔬菜，冬春露地育苗一般在苗床上撒播，播种前向种子中放些细沙，使种子松散，便于均匀撒播。播种后覆盖薄土，一般甘蓝、白菜、莴笋、芹菜等种子覆土厚度为 0.5～1 厘米，注意覆土厚度要均匀一致。

四、苗期管理

(一) 温度管理

成都地区夏秋气温高，日照强烈，暴雨较多，可利用营养杯或穴盘进行护根育苗，并使用荫棚等简易保护设施。荫棚一般高 1 米左右，遮光率为40%～70%。生产上也有不搭建荫棚的夏秋育苗方式，比如将遮阳网直接覆盖于床面上育苗，利用保留棚顶膜并覆盖遮阳网的大中小棚育苗，在瓜、豆架下或茄子、鲜食玉米行间育苗，这些方式均能达到较好的降温防雨效果。

(二) 水肥管理

对于苗龄较短的蔬菜，如大白菜、莴笋、儿菜、生菜等，在施足底肥的情况下，苗期可不用追肥，若底肥不足，苗子长势不好，可追施 1～2 次提苗肥，一般用淡尿素或三元复合 (混) 肥溶液追肥。对于苗龄较长的蔬菜，一般需要定期追肥，可用淡尿素溶液兑水浇施。韭菜在苗高 10～13 厘米时可追肥 1～2 次；大葱出现 2 片子叶后可追施 1 次提苗肥，后期视苗情每 15～20 天追肥 1 次。冬春季节育苗，注意控制好浇水量，不能过湿；夏秋季节育苗，注意经常浇水，保持土壤湿润。

(三) 匀苗、除草

播种后出苗前喷洒除草剂，出苗后要及时匀苗，去劣、去杂、去病苗，及早定苗、补苗，结合匀苗人工除草。大白菜、生菜一般在 2～3 片真叶时匀苗；甘蓝在播后 15～20 天匀苗，苗距保持 10 厘米；棒菜、儿菜在 1 叶 1 心到 2 叶 1 心之间匀苗、除草；莴笋在 2 片真叶时匀苗，苗距保持 3～5 厘米。

第二节　保护地育苗

保护地育苗是指在保护设施条件下统一培育幼苗的一种栽培方式，可以避免极端天气对苗期蔬菜的危害，有利于缩短菜苗生育期，减少病虫危害，培育壮苗，提高菜苗质量。2020 年，成都市有蔬菜集约化育苗中心 32 个，其中年产 3000 万株以上的 10 个，年产 1000 万～3000 万株的 9 个，年产 500 万～1000 万株的 11 个。成都市主要蔬菜育苗中心 (企业) 的名称及地址见表 3-1。

表 3-1　成都市主要蔬菜育苗中心（企业）的名称及地址

区（市）县	蔬菜育苗中心（企业）名称	地　址
彭州市	成都金彭蔬香农业科技有限公司	彭州市濛阳街道桂桥村
	四川禾润蔬香农业科技有限公司	彭州市濛阳街道白土河村
	彭州市三界丰碑蔬菜产销专业合作社	彭州市濛阳街道丰碑村
	成都王冠农业科技有限公司	彭州市天彭街道壁山村
	彭州市九尺镇高林村农民专业合作社	彭州市九尺镇高林村
	成都百信生态农业发展有限责任公司	彭州市濛阳街道双林村
	成都科创利民农资有限公司	彭州市敖平镇紫泉村
	彭州市绿力丰源生态农业发展有限公司	彭州市濛阳街道北泉村
郫都区	成都金田种苗有限公司	郫都区安德街道棋田村
	四川德维蓝地农业科技有限公司	郫都区安德街道泉水村
	四川金穗绿丰农业开发有限公司	郫都区安德街道泉水村
	郫都区幸福家庭农场	郫都区三道堰镇中平村
金堂县	成都市金蔬满仓农业科技有限公司	金堂县官仓街道中孚社区
	成都粤系蔬菜种植专业合作社	金堂县竹篙镇八棵松村
新都区	成都龙派农业专业合作社	新都区斑竹园街道升庵村
青白江区	青白江区逸明家庭农场	青白江区姚渡镇姚家渡社区
新津区	四川省现代农人种苗科技有限公司	新津区花源街道东华村
	成都农彩农业有限公司	新津区花桥街道马王村

一、保护地育苗蔬菜类型

成都市保护地育苗主要蔬菜类型为春提早茄果类、瓜类、豆类和部分叶菜类蔬菜。本节主要介绍春提早喜温果菜的保护地育苗技术。

二、保护地育苗设施

根据有无加温设备，保护地育苗设施分为冷床育苗设施和温床育苗设施两大类。冷床没有加温设备，是靠吸收太阳辐射保温。成都市主要有塑料大、中、小棚冷床育苗设施。温床结构与冷床相似，区别在于具有加温设备。根据加热方式的不同，温床又分为电热温床、水暖温床和酿热温床。电热温床使用专用电热线，埋设和撤除都较方便，热能利用效率高。水暖温床一般用于育苗温室，在苗床下埋设输水管道，并用热水循环，对提高地温有明显效果。酿热温床是将人畜粪、秸秆、杂草等酿热材料填入苗床内，通过发酵产生热量来提高苗床温度。由于产热持续时间短，地温不容易控制均匀，酿热温床在生产中使用不多。成都市主要采用电热温床和水暖温床育苗。在保护地育苗设施内，多利用特定容器育苗。现将成都市蔬菜保护地育苗主要设施介绍如下。

（一）塑料大棚

1. 建造

塑料大棚是用塑料薄膜覆盖的一种大型拱棚，由立柱、拱架、拉杆、压线杆等几部分组成，具有结构简单、光照分布均匀、利于环境调控、人工作业便利等特点。塑料大棚宜选址在背风向阳、南北朝向，四周没有建筑物或树林，地势开阔平坦，离水源近的区域。塑料大棚按骨架材料分为竹架结构和钢架结构，现将其建造方式介绍如下。

（1）竹架结构。

成都地区竹木较多，取材方便，成本低廉（每亩3000元左右），且建造和拆卸方便。竹架结构的缺点是竹木易朽，使用年限较短，棚内立柱多，遮光面大，管理不便。大棚一般宽5~6米，长度依田块灵活确定，一般长40米。顶高2.2~2.5米；中柱高2.5~2.8米，每隔1.8米1根；拱杆长5米以上，间距0.9~1.1米；撑杆长2.7~3.0米，每隔1.8米2根；拉杆使用较少，长2.7米以上。一般棚内开4个栽培厢。棚顶用塑料薄膜覆盖，骨架一般可用3年，顶膜1~2年进行更换。

（2）钢架结构。

与竹架结构棚架相比，钢架结构棚架强度大、跨度大、抗风能力强；一次性投资虽大，但坚固耐用；每亩建造成本1万~2万元，但折旧成本并不高。因拱架材料不同，钢架结构棚架分为钢筋结构式大棚和镀锌钢管装配式大棚两种。镀锌钢管装配式大棚为组装式结构，建造方便，并可拆卸迁移，全部为圆拱形大棚，采用热镀锌防锈处理，构件抗腐蚀，棚内无立柱，遮阴少，便于农事操作，使用寿命可达10年以上。

成都地区可按照《四川省单栋钢架蔬菜种植大棚建造规范》（DB51/T 2491—2018）的有关规定建造单栋钢架蔬菜种植大棚。建造方法：大棚主材采用国标双层热镀锌钢管，棚宽8~10米，顶高3.5~4.8米，肩高1.8~3.0米，长30~50米，拱间距0.7~1.5米，棚门宽1.0~1.2米，高2.0~2.4米，棚顶左/右背风向阳面距棚顶1.5~2米处开天窗，天窗处覆盖防虫网，天窗开口宽度为1.2~1.4米，配备卷膜杆和卷膜器以便开闭，风力大的区域可选择安装天窗。在大棚两侧离地 0.3~0.4 米处开侧窗，侧窗开口宽度为 1.4~2.0 米，侧窗处覆盖防虫网。可采用透光率高、厚度为 0.06~0.12 毫米的聚乙烯薄膜覆盖，也可采用无滴透明膜和 PE 防老化膜等覆盖。

2. 应用

塑料大棚多在寒冷的冬季或早春用于培育茄子苗、辣椒苗、番茄苗、黄瓜苗等。夏秋用于防雨遮阳育苗，利用大棚顶膜，并加盖遮阳网，培育早秋甘蓝苗、莴笋苗或秋番茄苗、辣椒苗、黄瓜苗等。根据文献调查统计，成都地区简易镀锌钢管塑料大棚，每年 1 月至 4 月、11 月、12 月及年气温偏低、日照少的时候使用最多。

（二）塑料中棚

塑料中棚一般宽 4~6 米，高 1.5~1.8 米，长 10 米以上，占地面积一般在 0.5 亩以内。塑料中棚可在棚内进行农事操作，大小规格和保温性能介于塑料小棚和塑料大棚之间，应用方式和塑料大棚相同，也可作为辅助设施应用于塑料大棚内增温。在成都地区，塑料中棚和塑料大棚没有严格的界限，生产上所谓的大棚实际上多为中棚。

（三）塑料小棚

塑料小棚又称小拱棚，成本低廉，建造简单，由竹片、竹竿、钢筋或特制的玻璃纤维、增强塑料杆等材料弯成圆拱形骨架，成都地区农户普遍采用。小拱棚宽度为苗床厢宽 1~2 米，高度在 1 米以内，不可在棚内进行人工作业，床长依地块育苗数量而定，一般长 10~13 米，生产上多为南北走向。搭建时在厢面两边每隔 60~70 厘米插一根长 2~2.2 米、宽约 2 厘米的拱架材料，插入深度为 20~30 厘米，然后覆盖宽 2 米的塑料薄膜，在棚的四周挖浅沟，把薄膜边埋入土中，防止被风吹开。塑料小棚主要作为辅助设施应用于塑料大棚等设施内，冬季或早春培育茄子苗、辣椒苗，早春培育豆类、瓜类蔬菜苗和薤菜苗等。当出现恶劣天气、设施内温度偏低时，塑料小棚可以增强设施局部的保温性，待气温升高后，拆去薄膜和拱架。

（四）电热温床

1. 特点

电热温床是指利用电流通过绝缘电阻线，把电能转化成热能进行加温的苗床。由于苗床温度高，种子发芽迅速，低温烂种现象很少，幼苗期病害较轻，所以电热温床育苗具有节约种子、育苗快速、成苗率高和壮苗率高的特点。

2. 应用

电热温床主要在不耐严寒的瓜类蔬菜上应用，一般在 12 月至次年 2 月育苗。另外，还有少部分茄果类蔬菜在 11 月下旬至 12 月用电热温床育苗。所以，电热温床用电时间集中在 11 月下旬至次年 2 月，且绝大部分为夜间用电。应注意，育苗前期需要较高温度，电热温床要昼夜用电；育苗中后期，在不太寒冷的天气，电热线可夜开日闭，节约电能；整个育苗期，寒潮天气来临时，都要及时通电，防止冻害。

3. 设备

电热温床由电热线和控温仪两部分设备构成，附属设备还有开关和导线，功率大时应加交流接触器。目前市场上出售的电热线，工作电压多为 220 伏特，一般功率有 600 瓦、800 瓦和 1000 瓦，其长度分别为 80 米、100 米和 120 米，参照相关参数要求，根据苗床长度加以选择。

4. 建造

将苗床取出 20 厘米左右深表土，从下而上依次铺设 5 厘米左右厚的隔热材料（木屑或稻草等）、一层塑料薄膜、3 厘米厚的床土。在床土上铺设电热线，所需电热线根数=功率密度×苗床长×苗床宽÷单根电热线功率。常采用的 DV 系列电热线，一般功率密度应达到 70~100 瓦/平方米。

为了方便接线，布线时将线头引入苗床一角，从同一角引出，使线头和线尾在苗床的同一端，因此布线道数须为偶数。若布线道数为奇数，可通过增减布线长度，多设或少设一行来调整。线与线之间的距离通常为 8~12 厘米，苗床的边缘散热快，两边线距适当缩小，中间线距适当拉大。按规定的线距，在苗床两端插入短竹竿，将电热线来回绕在两端不同的竹竿上，线要拉直，不要交叉、紧靠，不能在同一竹竿上反复缠绕，以免局部温度过高而发生漏电事故。多根电热线只能并联，一定不能串联。布线最后一步，将电热线两端的导线从床内同一处拉出来，连接电源和控温仪。

布线完成后用万用表检查线路畅通与否，无问题后覆盖约 10 厘米厚的营养土再进行育苗。若采用容器育苗，宜在电热线上先覆盖 2 厘米厚的床土，再摆上营养杯或穴盘。如果苗床面积大，所需的电热线总功率也大，当总功率大于控温仪允许负载时，为保证线路安全，须安装交流接触器，防止控温仪被烧毁。苗期要经常检查苗床温度，防止夜温过高而出现徒长现象，浇水须在电热温床断电后进行。

（五）水暖温床

成都地区由于冬春季节不太寒冷，本地育苗温室和一些专业育苗户可用水暖加温设施为苗床加温。整个水暖加温设施由锅炉、热水输送管道和循环水泵等构成。根据苗床面积设置适宜大小的锅炉，为提高热效率，可在炉体外面包上保温材料。锅炉加温水箱上有进水口和出水口各 1 个，与热水输送管道相连并形成循环回路。热水输送管道安装在育苗搁架下或土面苗床上，输送热水温度保持在 60℃～80℃，通过增压泵加压循环。

（六）育苗容器

蔬菜容器育苗指用特定容器培育蔬菜秧苗。特定容器内装有草炭、珍珠岩、蛭石等轻基质材料作为育苗基质。容器育苗与常规育苗相比，具有省时省力、节约土地、节省种子、降低成本、成活率高、适宜远距离运输和机械化生产效率高等优点。目前，常用的育苗容器有营养杯和穴盘两类。

1. 营养杯

营养杯一般为聚乙烯制成的上口径 8～13 厘米、下口径较上口径小 1～2 厘米、高 8～12 厘米的圆形体，盘底有排水孔。根据秧苗种类和大小选用营养杯大小：果菜类蔬菜若苗龄为 20～30 天，可选用杯径为 8 厘米的营养杯；若苗龄为 30～40 天，可选用杯径为 10 厘米的营养杯；若苗龄为 50～60 天，可选用杯径为 13 厘米的营养杯。旧的营养杯应进行清洗和消毒。将用清水洗净后的营养杯放入 2% 次氯酸钠溶液中浸泡 2 小时，或放入 0.1% 高锰酸钾溶液中浸泡 30 分钟进行消毒，再用清水冲洗干净，取出晾干备用。

2. 穴盘

穴盘一般由聚氯乙烯制成，内部有若干纵横隔板，将其分成均匀的孔穴，盘底有排水孔，目前常见的有 50 孔、72 孔、105 孔、128 孔、200 孔等不同穴孔数穴盘。一般叶片面积大、苗龄长的蔬菜类型，选择孔径大、孔穴少的穴盘；叶片面积小、苗龄短的蔬菜类型，选择孔径小、孔穴多的穴盘。黄瓜、苦瓜、冬瓜、茄子、番茄多选用 50 孔或 72 孔穴盘，甘蓝、大白菜、生菜多选用 72 孔或 105 孔穴盘。旧的穴盘同营养杯一样，也应进行清洗和消毒。

三、苗床制作

苗床选择背风向阳、地势平坦、土层深厚、便于灌溉、前茬未种过同科蔬菜的地块，一般做成宽 1～2 米的苗床，长度依据田块而定，播种苗床土厚度为 6～8 厘米，普遍设置在保护地育苗设施内。

（一）营养土配置

人工配制营养土的基本材料是菜园土或稻田土、腐熟有机肥等。一般采用晒干过筛熟土或稻田土 6～7 份＋充分腐熟有机肥 3～4 份＋0.1％～0.2％过磷酸钙。营养土 pH 值以 6～7 为宜，过酸可用石灰调整。营养土配置好后，须经过消毒再使用，参见露地育苗的苗床土消毒。

（二）育苗基质配置

育苗基质常用配置方法：草炭 3 份＋珍珠岩 1 份＋蛭石 1 份，每立方米基质加入三元复合（混）肥（15-15-15）1～2 千克，不断进行搅拌，同时往基质中加水，保持基质含水量为 60％～70％。根据育苗数量和容器容积，可计算出配置基质的用量。旧育苗基质使用前要进行消毒，可用 50％多菌灵可湿性粉剂 500 倍液喷洒、拌匀，再盖膜堆闷 2～3 天，揭膜待药气散尽后可使用。

四、播种方法

（一）确定播种期

播种期主要根据蔬菜种类、育苗设施、育苗方式、定植期和育苗天数决定。成都市郊区保护地育苗多是茄果类、瓜类等喜温蔬菜，一般在 3 月下旬至 4 月上旬，断霜后 10 厘米地温稳定在 12℃ 以上露地定植，或提前至 1 月至 2 月大棚内定植。保护地培育茄果类蔬菜幼苗，往往采用大苗移栽，一般在 10 月和次年 2 月至 3 月冷床育苗或 11 月下旬至 12 月温床育苗，本地菜农多采用冷床育苗以节约用电成本。保护地培育瓜类蔬菜幼苗，由于其再生能力较弱，采用小苗移栽可避免伤根，一般在 12 月至次年 2 月温床育苗。另外，还有少部分豆类蔬菜在 2 月温床育苗。

（二）确定播种量

根据蔬菜种类、育苗设施、播种方式、种子的千粒重和发芽率等确定播种量。成都市常见保护地育苗蔬菜，每亩定植大田播种量分别为：番茄 20～30 克，辣椒 40～60 克，茄子 30～50 克，黄瓜 150～200 克，西葫芦 200～250 克，豇豆 1000～1500 克，菜豆 3000～5000 克。

（三）种子处理

1. 种子消毒

蔬菜的病虫害有许多是经种子传染的，如茄子的黄萎病、绵疫病、立枯病，辣椒的炭疽病、病毒病，番茄的叶霉病、早疫病、病毒病，瓜类蔬菜的炭疽病、细菌性角斑病，菜豆的锈病、炭疽病，豇豆的病毒病等。

温汤浸种是一种物理消毒方法，此法简便易行，高温灭菌，可防治番茄的叶霉病、早疫病，辣椒的病毒病、炭疽病，黄瓜的细菌性角斑病、枯萎病等病害，具体操作参见露地育苗的温汤浸种。

成都市郊区菜农常用多菌灵、百菌清、高锰酸钾等药剂进行种子消毒。先将种子放入水中预浸 4~6 小时，再用 50％多菌灵可湿性粉剂 500 倍液浸种 1 小时，或用 50％百菌清可湿性粉剂 500 倍液浸种 20 分钟，捞出洗净晾干，防治绵疫病、炭疽病等真菌性病害；用种子重量 0.2％~0.3％的 47％春雷·王铜可湿性粉剂拌种，防治青枯病、细菌性角斑病、软腐病等细菌性病害；用 0.1％高锰酸钾溶液浸种 20 分钟，或 10％磷酸三钠溶液浸种 20 分钟，捞出洗净晾干，防治病毒病。

2. 破壳

对于种皮较硬的丝瓜、冬瓜等种子，尤其在气温低的早春播种前需进行破壳处理。破壳能使种子顺利发芽，并且发芽整齐。未进行破壳的种子发芽率低，出苗很慢，容易烂在土里。破壳方法：用指甲钳在种子尖端一侧轻轻剪一小缺刻，注意不要伤及种子胚根部。

3. 浸种

茄果类、瓜类、豆类蔬菜在寒冷季节播种，多有浸种催芽的措施。一般在 25℃~30℃水温下，番茄浸种 6~8 小时，茄子、辣椒浸种 8~10 小时，黄瓜、西葫芦浸种 8~12 小时，丝瓜浸种 5~10 小时，苦瓜浸种 12~16 小时，冬瓜浸种 20~30 小时，菜豆浸种 2~4 小时。

4. 催芽

将处理后的种子用湿纱布包裹后，利用催芽箱、电热线等进行增温催芽，催芽温度一般为 25℃~30℃。催芽过程中每天将种子透洗 1 次，补充水分和氧气，待大部分种子露白时，停止催芽。

（四）播种

播种前应将苗床浇足底水。对于土面苗床，多采用撒播或点播方式播种。茄子、辣椒、番茄种子较小，宜撒播，为保证播撒均匀，在种子中拌入细沙或细土后再撒播；豆类、瓜类蔬菜种子较大，大多采用点播，播种密度为 6~8 厘米见方。容器育苗通常采用点播方式播种，在每个容器中央点播 1~2 粒种子。播种后覆盖一层营养土或育苗基质，再覆盖一层地膜增温保湿。一般茄果类蔬菜等小粒种子覆土厚度为 0.5~1 厘米，瓜类、豆类蔬菜等大粒种子覆土厚度为 1~2 厘米。

五、苗期管理

（一）发芽期管理

播种后不通风、不揭膜，维持较高的湿度，尽量升高温度，使白天温度保持在 25℃～30℃，夜间温度保持在 18℃～20℃，湿度保持在 80%～90%，促进种子尽快萌发。待 80% 以上幼苗子叶出土后，及时揭去地膜，并适当降低苗床温度。

（二）出苗后管理

1. 温光管理

幼苗长出心叶后，在晴天上午 10 点进行短暂的通风换气以降低湿度，减少病害发生，下午 4 点后及时扣棚保温。通过适期揭盖棚膜、电热线加温等措施，白天尽量将苗床温度控制在 20℃～25℃，夜间控制在 13℃～17℃，直到定植前一周降温炼苗。

光照充足能增强幼苗的光合作用。采取覆盖无滴膜、定期通风换气、及时清洁棚膜等方式增强光照。若遇连续阴天，有条件的育苗棚可打开 LED 灯进行补光。

2. 水肥管理

苗期一般较少追肥，若幼苗有缺肥症状，如叶小、叶淡、茎细，或采用基质育苗，基质保肥力较差，应进行追肥。幼苗 1～2 片真叶展平后，用 0.1%～0.2% 尿素溶液叶面追肥，或用三元复合（混）肥溶液叶面追肥，三元复合（混）肥的追施浓度参考使用说明书。

幼苗真叶露心以前尽量少浇水或不浇水，主要靠充足的底水保水；第 1 片真叶展开后适当浇水，湿度宜控制在 60%～80%，以利于根系生长。一般情况下，春季、秋季在上午浇水，2～3 天 1 次，遇大晴天 1～2 天 1 次；夏季在早晚浇水，每天 1～2 次；冬季在棚内温度达 15℃ 以上时浇水，一般 10 天左右 1 次。

（三）分苗管理

采用适宜规格的营养杯或穴盘育苗，可直接成苗，不进行分苗。土面苗床以早分苗为好，因为早分苗苗龄小，分苗时伤根轻，容易恢复生长。番茄、茄子、辣椒在 2～3 片真叶时宜进行分苗，分苗密度为 8～10 厘米见方；瓜类、豆类蔬菜一般不分苗。分苗前 3～4 天逐渐降低苗床温度和湿度以增强幼苗抗逆性。分苗时保持水分充足，以后适当给水。分苗至缓苗期间适当提高苗床温度，密闭一周以促进发根。缓苗后苗床温度应逐渐下降，逐步加强通风。

（四）定植前管理

在定植前一周进行低温炼苗，应适当控水断电、逐步通风、降温排湿。刚开始炼苗时不宜太早，炼苗时间不宜太长。一般在晴天上午 10 点揭膜，先揭两头，再揭两边，下午 3~4 点盖膜。阴雨天要缩短炼苗时间，防止闪苗，以后逐步延长炼苗时间。若露地定植，在定植前 2~3 天，夜间也不盖膜，让幼苗逐步适应大田环境。做到带药定植，定植前喷施一次百菌清、甲基硫菌灵等杀菌剂，以及防治蚜虫、病毒病的药剂，避免将病苗定植入大田，阻断田间侵染来源。挑选茎秆粗壮、根系发达、叶片浓绿、无病虫害的壮苗定植。定植标准：辣椒有 6~8 片真叶，茄子有 5~6 片真叶，番茄有 5~8 片真叶，黄瓜有 2~3 片真叶。

第三节　嫁接育苗

一、蔬菜嫁接的概念

蔬菜嫁接是把需要栽培的蔬菜幼苗去掉根部，接到另一株带有根系的植株上，使其能够利用该植株根部吸收营养，生长发育为一个新的蔬菜整体。上部的蔬菜幼苗称为接穗，带原根承受接穗的植株称为砧木。嫁接将砧木和接穗的优势结合在一起，充分发挥砧木的抗病性、抗逆性和接穗的优良特性。蔬菜嫁接的主要目的是防止土传病虫害，克服连作障碍，提供高产、优质、安全的产品。茄果类、瓜类蔬菜是嫁接育苗的主要类型。

二、嫁接育苗的特点

（一）防止土传病虫害

同科蔬菜连作栽培，尤其是设施大棚连茬种植，容易造成连作障碍，病虫害逐年增加，使蔬菜产量和品质下降，安全性受到威胁。嫁接育苗能提高蔬菜抗病性，避免发生一些土传病虫害，比如黄瓜的枯萎病、疫病等，茄子的黄萎病、枯萎病、根结线虫等，辣椒的根腐病、青枯病等，番茄的青枯病、根腐病、根结线虫等，有利于克服连作障碍，提高土地利用率。通过嫁接能减少化学农药使用，降低农药残留，提高蔬菜质量安全水平。

（二）增强蔬菜抗逆性

多数砧木来自野生或半野生蔬菜植物，具有抗旱、抗寒、耐酸、耐盐碱、耐热、耐湿等特点，嫁接后能有效提高接穗对不良环境条件的抵抗能力。以黄瓜和南瓜为例，黄瓜不耐低温，低于10℃易受冷害，而南瓜可耐受8℃～10℃的低温，嫁接后仍能保持南瓜的耐寒性，若采用南瓜嫁接黄瓜，可显著提高黄瓜的抗寒力，使其能更好地适应成都春提早栽培。

（三）提高肥水利用率

蔬菜嫁接所选用的砧木大多根系发达，因此，嫁接蔬菜的根系比不嫁接的自根蔬菜入土更深，吸肥、吸水能力更强，肥水利用率更高。砧木的根系在土壤中分布广，能较大范围地吸收养分，向地上部的供肥力足，所以用肥较经济，能节省肥料。

（四）提高产量和品质

嫁接蔬菜植株长势强、生长发育快，与自根蔬菜相比，生产能力明显得到提高，主要体现在提早采收、结果期延长、品相美观、增产较明显，一般可增产20％以上。一些蔬菜选用合适的砧木嫁接后，还能够改善果实的风味，如黄瓜不产生苦味，番茄酸味减少。

三、影响嫁接成活率的因素

（一）砧木和接穗的亲和力

砧木品种选择是影响嫁接成败的关键因素。嫁接亲和力强弱往往与砧木和接穗亲缘关系远近密切相关：亲缘关系相近，如茄子接穗和野生茄子砧木，亲和力较强；亲缘关系较远，如黄瓜接穗和野生番茄砧木，亲和力较弱，甚至不亲和。也有亲缘关系较远而亲和力较强的特殊情况，如番茄接穗和茄子砧木托鲁巴姆。

（二）砧木和接穗的生长状况

若用营养充足、健壮的砧木和接穗进行嫁接，则嫁接后愈伤组织形成快，有利于嫁接苗成活；若用徒长苗、病弱苗嫁接，则嫁接苗不易成活。瓜类蔬菜嫁接的砧木，随着苗龄的增长，髓腔显著增大，从而导致下胚轴变粗，因此砧木苗龄不同，嫁接的切口深度也应不同，苗龄较大时切口深度占茎秆粗度的比例要相应减少，以免切到髓腔。对于嫁接的接穗而言，苗龄过小容易形成无真叶苗，苗龄过大不仅影响嫁接成活率，还可能出现共生困难。

（三）嫁接技术的高低

嫁接技术水平直接决定着嫁接苗的品质以及植株的后期长势。嫁接技术好，嫁接苗生长健壮，产量和品质高；嫁接不规范或水平低，嫁接苗成活率低，且易形成僵化苗。嫁接时须掌握恰当的切口深度，并将砧木和接穗的切口对合得当，如此嫁接苗才能有较高的成活率。

四、嫁接的准备工作

（一）嫁接场地与设备

1. 嫁接场地

嫁接一般在塑料或温室大棚内进行。

2. 降温设备

高温季节用风机-冷帘、内外遮阳网等降温设备。夏季启动风机-冷帘设备通风增湿降温，冷凉季节将风机-冷帘设备塑封存放。晴天上午 10 点至下午 4 点覆盖遮阳网降温，根据外界不同光照强度，内外遮阳网配合使用。

3. 加温设备

低温季节用热水锅炉、暖风机、热风炉、电热线等加温设备，一般在 12 月至次年 2 月使用。冬季用热水锅炉加温，使室内温度保持在 20℃左右，嫁接苗便可正常生长。暖风机、热风炉、电热线一般在夜间温度过低时进行加热。

（二）嫁接环境条件

1. 温度

温度过低时不利于嫁接苗的接口愈合，温度过高时又容易导致嫁接苗萎蔫。一般来讲，嫁接场地内的温度，白天控制在 20℃～28℃，夜间不低于 15℃，一般在 17℃以上。

2. 湿度

嫁接场地要保持比较高的湿度，一般要求在 90％以上，能防止嫁接苗失水而萎蔫，有助于提高嫁接效率和成活率。

3. 光照

嫁接场地内要保持散射光照，避免阳光直射，以免幼苗温度偏高，加速失水而萎蔫，也会使嫁接场地内的温度偏高。

（三）嫁接前准备

1. 嫁接工具

嫁接工具主要有双面刀片、嫁接针、嫁接夹、嫁接套管等。

（1）双面刀片。

将刀片沿中线纵向折成两半，便于操作。

（2）嫁接针。

嫁接针为金属材质，用于插接法插孔，除去砧木生长点。

（3）嫁接夹。

嫁接专用固定夹，嫁接效率高，可多次使用，固定效果理想，应用广泛。嫁接夹有平口和圆口两种类型，根据接穗和砧木苗茎的粗细来进行选择，一般苗茎偏粗时用圆口夹，苗茎偏细时用平口夹。

（4）嫁接套管。

嫁接套管主要用于茄果类蔬菜嫁接育苗，所需砧木和接穗应同期播种，苗茎粗细一致。嫁接套管有不同的规格，通常内壁直径为 0.2～0.5 厘米，可根据苗茎大小适当选择，长度按 0.8～1 厘米取段备用。嫁接时，先在砧木子叶上方以 45°角向斜上方切断，并套上套管，然后在接穗子叶下方以 45°角向斜下方切断，插入套管，使两个切口紧密贴合。随着秧苗茎部变粗，嫁接套管自行脱落，不用人工去除。

2. 嫁接前消毒

旧嫁接夹、嫁接套管用 200 倍甲醛溶液浸泡 8 小时进行消毒，手指、刀片和嫁接针用棉球蘸 75％酒精进行消毒。嫁接 1～2 天前，砧木和接穗浇一次透水，喷一遍杀菌剂。

五、接穗和砧木的准备

（一）接穗和砧木选择

接穗应选择符合市场需求，品质好，抗病性、抗逆性强，丰产的品种。砧木应选择与接穗亲和力强且共生性好，能抵抗产区主要土传病虫害，抗逆性强，长势旺，对接穗品质影响小的品种。黄瓜砧木常用能抗枯萎病的白籽南瓜、黑籽南瓜，苦瓜砧木常用能抗枯萎病的白籽南瓜、丝瓜，茄子砧木常用能抗黄萎病、根结线虫的托鲁巴姆、赤茄，番茄砧木常用能抗青枯病、根结线虫的苔木 2 号、托鲁巴姆。

（二）播种方法

1. 播种时间

不同的接穗、砧木种类、嫁接方法和嫁接季节，其接穗、砧木的播种期不同。

2. 种子处理

接穗种子处理方法参见保护地育苗中茄果类、瓜类蔬菜的种子处理方法。南瓜、托鲁巴姆和野生番茄砧木种子处理方法如下。

（1）南瓜。

采用温汤浸种，水温降至30℃后继续浸泡6~8小时，再放入28℃左右的环境中催芽2~3天。

（2）托鲁巴姆。

将种子放入100毫克/千克浓度赤霉素溶液中浸泡24小时，解决托鲁巴姆发芽慢、不整齐的问题，再放入30℃环境中催芽5~6天。

（3）野生番茄。

采用温汤浸种，水温降至30℃后继续浸泡6~8小时，再放入25℃~30℃环境中催芽2~3天。

3. 播种后管理

接穗可直接播于苗床上，砧木播于穴盘或营养杯中，播后覆盖一层基质或营养土，再喷水，盖上地膜。幼苗长出后及时揭开地膜，加强苗期管理，培育壮苗。

六、嫁接常用方法

蔬菜的嫁接方法很多，常用的有劈接法、贴接法和插接法，分别介绍如下。

（一）劈接法

劈接法是先用刀片将砧木上端茎部平切，再从苗茎顶端向下劈一刀口，将削好的接穗苗茎插入刀口并固定好形成一株嫁接苗的嫁接方法。劈接法的优点是技术简单易学，嫁接成活率高；缺点是工效相对较低。

1. 适宜的蔬菜

劈接法主要应用于苗茎实心的砧木嫁接，多用于辣椒、番茄等茄果类蔬菜，尤其茄子常采用此法，在苗茎空心的瓜类蔬菜上应用较少。

2. 嫁接适期

一般茄果类蔬菜在接穗4~5片真叶、砧木5~6片真叶时嫁接。瓜类蔬菜在接穗子叶充分展开、砧木第1片真叶出现时嫁接。本地育苗公司多采用劈接法嫁接茄果类蔬菜，比如嫁接早春茄子，接穗在嫁接前40~50天播种，由于砧木托鲁巴姆发芽困难，生长迟缓，所以一般比接穗早播20~30天，嫁接后20~30天达移栽标准；嫁接早春番茄，砧木和接穗可在嫁接前30~40天同时播种，嫁接后约20天达移栽标准。

3. 削砧木和接穗

先用刀片将砧木上端茎叶连同生长点一起平切，留下5~6厘米的茎基部，再从砧木的平切口茎中垂直切入约1厘米，接着在接穗从上到下第3片叶叶柄基部下方约2厘米处，以30°角向斜下方切削，将接穗胚轴削成双斜面楔形，切面长约1厘米。

4. 嫁接

将接穗插入砧木切口内，使砧木和接穗紧密接合，再用嫁接夹固定好。

（二）贴接法

贴接法是将接穗与砧木的苗茎斜面贴在一起，两株苗通过苗茎上的切口贴合而形成一株嫁接苗的嫁接方法。贴接法的主要优点是嫁接速度相对较快；缺点是接口处易折断或劈裂，不易固定牢固。

1. 适宜的蔬菜

贴接法适用于茄果类蔬菜和部分胚轴较粗的瓜类蔬菜。

2. 嫁接适期

选择胚轴粗细相近的砧木和接穗，以利于伤口愈合。以嫁接黄瓜为例，砧木为黑籽南瓜，接穗一般应比砧木早4~6天播种，砧木和接穗子叶展平，第1片真叶初露时最适宜嫁接，这时接穗和砧木的高度、胚轴粗细也基本一致。本地育苗公司采用贴接法嫁接瓜类蔬菜，往往同时播种砧木和接穗，对嫁接效果影响也不大，比如嫁接早春黄瓜，在嫁接前14~16天同时播种砧木和接穗，嫁接后约15天达移栽标准。

3. 削砧木和接穗

在砧木心叶处以45°角向斜下方切一刀，除去砧木生长点及1片子叶，切口长约1厘米。在接穗子叶下方约1厘米处，以45°角向斜下方切削，切口长约1厘米，若切口过浅，则结合面小，移栽时接口容易裂开。

4. 嫁接

砧木和接穗的接口切好后，准确、迅速地将接口互相贴合，再用嫁接夹从接穗一侧固定，这样可防止接穗脱离砧木。

（三）插接法

插接法是用嫁接针在砧木苗茎的顶端或上部插孔，将削好的接穗苗茎插入孔内而组成一株嫁接苗的嫁接方法。插接法的主要优点是嫁接工效较高，不易发生劈裂、折断现象，有利于培育壮苗；缺点是嫁接技术较难掌握，对砧木和接穗的大小要求也比较严格，两苗大小差异较大时，容易发生接穗不稳脱落、砧木苗茎劈裂等问题。

1. 适宜的蔬菜

插接法适用于黄瓜、西瓜、甜瓜等瓜类蔬菜，主要在胚轴较粗的砧木种类上应用。

2. 嫁接适期

一般瓜类蔬菜在接穗的子叶开始展开至充分展开都可嫁接，尤其以子叶刚刚展平，第 1 片真叶露尖时，而砧木第 1 片真叶半显露时最适宜嫁接。本地育苗公司采用插接法嫁接早春黄瓜，常用黑籽南瓜作砧木，砧木在嫁接前 10～14 天播种，接穗在嫁接前 7～9 天播种，嫁接后约 15 天达移栽标准。

3. 砧木插孔

先用刀片剔除砧木的真叶和生长点，再将嫁接针紧贴砧木苗茎一子叶基部表面，向另一子叶的斜下方插入胚轴，插孔长约 0.7 厘米，到达另一侧的表皮部，感到压力即可。尽量避免插入砧木胚轴中央的髓腔中，以免影响砧木与接穗的紧密结合，插孔后嫁接针暂留在接孔中。

4. 削接穗

在接穗子叶的正下方一侧距子叶基部约 1 厘米处，以 30°角向斜下方切一刀，切口长约 0.7 厘米，与插孔长相同。

5. 插接

接穗削好后，随即从砧木上拔出嫁接针，把接穗插入砧木的插孔中。接穗要插到底部，不留一点空隙，并用手轻按，以使接触面结合紧密。

七、嫁接后管理

（一）愈合管理

为促进伤口愈合，提高嫁接成活率，一般维持高温、高湿、弱光的环境。具体做法：嫁接后立即放入苗床，在苗床上搭设小拱棚，并覆盖薄膜和遮阳网。从嫁接完成到伤口完全愈合一般需要 7～10 天。

1. 温度管理

嫁接后为加快愈合进程，应保持较常规育苗稍高的温度，特别是嫁接前3天，温度低于15℃会显著影响成活率。为了保证嫁接初期温度适宜，冬季育苗室开启加温设备，提高地温至22℃以上，气温白天维持在25℃～28℃，夜间维持在18℃～20℃。温度过高，砧木伤口处会流液，引起嫁接苗腐烂，所以温度高于30℃时应当遮光降温。一般在嫁接5～7天后开始通风炼苗，每日揭膜通小风1～2次，发现幼苗萎蔫及时喷水，停止通风。嫁接10天后，伤口基本愈合，幼苗不再萎蔫，转入正常管理。

2. 湿度管理

由于嫁接1～2天前砧木和接穗已浇透水，刚嫁接完放入苗床无须浇水，以免感染病害，以后视基质干湿程度适时浇水，注意保持基质湿润。嫁接后3天内保持高湿状态，湿度最好维持在90％～95％；嫁接后4～6天，湿度可稍微降低至85％～90％；嫁接后7～10天逐渐转入正常管理，湿度维持在50％～60％。

3. 光照管理

在伤口愈合过程中，前期应尽量避免阳光直射，以减少叶片蒸腾，防止幼苗失水萎蔫。嫁接后1～3天内，全天用遮阳网遮阳；嫁接3天后早晚不再遮阳，只在中午光照较强的一段时间内临时遮阳，以后逐渐缩短遮光时间；嫁接7天后去除遮阳网，整日见光。

（二）成活后管理

嫁接苗成活后的管理措施与普通育苗基本一致，重点做好以下几项工作。

1. 除萌芽

砧木嫁接时去除其生长点和真叶，但幼苗成活和生长过程中会有萌芽发生，一方面与接穗争夺养分，影响幼苗成活速度和生长发育，另一方面还会影响接穗的果实品质，所以要及时检查和清除所有砧木生出的萌芽。

2. 去除嫁接夹

嫁接苗待定植时或定植后逐渐去除嫁接夹。去除太早，易使嫁接苗特别是采用贴接法的嫁接苗在定植时因搬动从接口处折断；去除太晚，嫁接夹会影响根系和地上部的生长发育。

3. 成苗管理

嫁接苗成活后进行分级管理，检查去除未成活的嫁接苗，对成活稍差的嫁接苗以促为主，成活好的嫁接苗进入正常管理。嫁接苗在伤口愈合后、定植前1天分别施药一次。

4. 定植要求

由于嫁接苗根系发达，植株开展度大，可适当减少定植密度。若嫁接口离地面太近，就易栽入地里，造成接穗萌发新根，也容易感染土传病虫害。因此，定植不宜过深，以嫁接口高出地面2~3厘米为宜。

第四节　苗期常见问题及病虫害防治

一、苗期常见问题

苗期容易出现的问题有不出苗、死苗、出苗不齐、幼苗戴帽、秧苗烧根、秧苗徒长、秧苗僵化、秧苗沤根等。

（一）不出苗、死苗、出苗不齐

种子发芽率低，大小不均，整地技术差，施肥不均，床面不平，以致水分不均，播种质量差，稀密不一致，深浅不一致，有立枯病、猝倒病，有蛴螬、蝼蛄、小地老虎，或有药害、冻苗、烤苗，容易不出苗、死苗或出苗不齐。因此，要选用发芽力高的新种子，提高整地作厢和播种质量，做到床土肥沃，床面平整，浇足底水，均匀播种，盖土厚薄一致，控制好苗床温湿度，避免药害、冻苗、烤苗。

（二）幼苗戴帽

幼苗出土后种皮不脱落，夹住子叶，使子叶不能及时展开，俗称幼苗戴帽。其原因是播种后覆土过浅，种子出土缺少土壤挤压力，或表土过干，种子变干发硬，紧紧夹住子叶，种皮不能脱落。防治措施：播种前浇足底水，保持一定的土壤湿度。瓜类蔬菜种子播种应横放，如果斜放或直放，靠近土壤表面一端的种皮很快变干，也易戴帽。播种深度要适宜，有一定的覆土厚度，播种后可覆盖薄膜保湿。发生幼苗戴帽现象时应覆盖一层潮湿的土，或用木棍轻轻挑去种皮。

（三）秧苗烧根

烧根的症状是根系弱而黄，地上部分叶片小、叶面皱、边缘焦黄，植株矮小等。土壤中肥料浓度过高，高浓度肥料直接接触幼苗的根会引起根肿或烂根。防治措施：苗床施用腐熟的有机肥，并适当控制肥料的浓度，出现烧根现象时，用清水洗苗或灌根，以降低土壤中肥料的浓度。

（四）秧苗徒长

徒长苗主要表现为茎长、茎细、节间长、叶薄、色淡、根须少、易倒伏，定植后成活率低，且缓苗慢，抗逆性差，花芽数量较少，容易形成畸形、瘦小花朵。水分过多、氮肥偏重、温度过高、光照弱、密度大时秧苗容易徒长。苗期应适当控制水分、氮肥，加强通风，增强光照，及时间苗、分苗，使用植物生长调节剂，如矮壮素、缩节胺等，一般叶面喷施1~2次，可控制徒长，增加茎粗，并促进根系生长。

（五）秧苗僵化

僵化苗俗称老化苗，表现为秧苗矮小、茎细、叶小、叶色暗绿无光泽、根系少且发黄，定植后缓苗慢，长势弱，花芽分化不正常，容易落花、落果。苗龄过长、长期低温、控水过度，会使秧苗根系发育受到严重影响而形成僵化苗。防治措施：适时定植，苗龄不能太长，保证水分供应，特别是成苗期，浇水后要适当通风，不要过度炼苗。早春大棚喜温果菜育苗应选择耐低温弱光的品种，尽量提高苗床温度。当发现僵苗时，给秧苗适宜的温度和水分条件，喷施赤霉素等生长调节剂，同时配合尿素、磷酸二氢钾缓解僵苗的发生。

（六）秧苗沤根

沤根是由低温高湿引起的生理病害，在气温下降、不能放风或雨天漏雨等情况下，此病容易发生。发病后秧苗萎蔫，不发新根，病根初变黄锈色，随后腐烂。防治措施：在连续阴雨天时，注意减少浇水，降低苗床湿度，采用电热线加温，提高苗床温度，确保秧苗健壮生长。

二、苗期病害

蔬菜苗期有猝倒病、立枯病、早疫病、灰霉病等病害，主要通过土壤和种子传播，发病程度与环境中的温度、湿度有关。苗期病害可通过种子消毒、苗床消毒、环境调控和药剂喷施等方法进行综合防治。

（一）猝倒病

猝倒病由瓜果腐霉、异丝腐霉等真菌侵染引发，主要危害果菜类和叶菜类蔬菜幼苗，在保护地果菜苗上最为常见，1~2叶期易受害，3叶期后侵害较轻。

1. 症状

发病初期，秧苗近地面处茎部组织变为水渍状，以后褪绿变黄，变软腐烂，收缩如线状，随之倒苗，但叶片仍为绿色。环境潮湿时，病部密生白色棉毛状菌丝。

2. 发病条件

病菌随病株残体在土壤中越冬，在病株残体上能长期存活，一般可在土壤中存活 2~3 年。当温度长期在 15℃以下、湿度在 90％以上、光照不足、未施腐熟的有机肥时，猝倒病发生严重。

3. 防治方法

（1）播种前进行温汤浸种或药剂拌种，选择适宜的播种密度，出苗后及时间苗、分苗，注意通风降湿。

（2）连续 5~7 天夜温过低时，采取临时加温措施，提高夜间苗床温度。

（3）播种时用 72.2％霜霉威盐酸盐水剂 5~8 毫升/平方米浇灌苗床，或用 2 亿孢子/克木霉菌 4~6 克/平方米喷淋苗床进行预防，木霉菌不可与呈碱性的农药等物质混用。发病初期及时拔除病株，用 75％百菌清可湿性粉剂 800~1000 倍液、72％霜脲·锰锌可湿性粉剂 800~1000 倍液、69％烯酰·锰锌可湿性粉剂 1000~1200 倍液等任一种喷雾防治，每 5~7 天防治一次，连喷 2~3 次。

（二）立枯病

立枯病由立枯丝核菌等真菌侵染引发，主要危害果菜类和叶菜类蔬菜秧苗，大苗、小苗均可发病，但以大苗发病较多。立枯病一般比猝倒病发病晚。

1. 症状

发病初期，茎部出现椭圆形褐色病斑，在温暖潮湿的环境下，病斑上产生淡褐色、蛛丝状菌丝，有时可见褐色菌核，该典型症状与猝倒病不同。随着病斑逐渐凹陷扩大，绕茎一周，茎部收缩变细，根部变褐腐烂，但不倒伏。病苗白天萎蔫，清晨和傍晚又可恢复，数天后枯萎死亡，死亡初期仍直立于地面。

2. 发病条件

病菌随病株残体在土壤中越冬，一般可在土壤中存活 2~3 年，发病适宜温度为 20℃~24℃。当苗床闷热湿润、土质黏重、未施腐熟的有机肥时，秧苗容易发病。

3. 防治方法

防治方法同猝倒病。

（三）早疫病

早疫病指由茄链格孢菌侵染引起的，发生在番茄上的真菌病害。

1. 症状

发病初期，茎叶出现小黑点，之后不断扩展为轮纹斑，边缘多是浅绿色或者黄色晕纹，中间部位为同心轮纹，故又称轮纹病。茎部病变后，多在分枝处出现褐色病斑，有不规则的圆形、椭圆形等形状。环境潮湿时，病斑上产生黑色霉状物。

2. 发病条件

病菌随病株残体和种子越冬，通过气流、水以及农事操作，从气孔、伤口或表皮直接侵入传播，种子也可带菌传播。发病适宜温度为20℃~25℃，适宜湿度为80%以上。

3. 防治方法

发现中心病株及时清除，并结合药剂防治，可选用80%代森锰锌可湿性粉剂800~1000倍液、50%异菌脲可湿性粉剂2000倍液、50%啶酰菌胺水分散粒剂2000~2500倍液等任一种喷雾防治，每5~7天一次，连喷2~3次。

（四）灰霉病

灰霉病由灰葡萄孢菌侵染引发，从寄主伤口、衰弱或死亡组织侵入，主要危害茄果类、瓜类、叶菜类蔬菜，苗期及整个生长期都可发病。

1. 症状

幼苗多在叶片尖端发病，由叶缘向内呈"V"字形扩展。初期子叶尖端发黄，进而扩展到茎部，出现褐色或暗褐色病斑，逐渐扩大，最后病斑处腐烂枯死，表面生有灰色霉层。此病常成片发生，造成严重缺苗。

2. 发病条件

病菌附着于病残体上或遗留在土壤中越冬。发病适宜温度为18℃~23℃，适宜湿度为90%以上。当气温偏低、苗床湿度大、苗长势弱时，灰霉病容易发生。

3. 防治方法

发现病株及时清除，并结合药剂防治，可选用40%嘧霉胺悬浮剂1500倍液、50%啶酰菌胺水分散粒剂2000倍液、50%腐霉利可湿性粉剂1000~1500倍液、50%异菌脲可湿性粉剂1500~2000倍液、65%甲霜灵可湿性粉剂1500~1800倍液等任一种喷雾防治，每5~7天一次，连喷2~3次。

三、苗期虫害

（一）蛴螬

1. 危害特点

蛴螬是金龟子或金龟甲的幼虫，可危害茄果类、瓜类和叶菜类蔬菜等，喜欢啃食播下的种子、幼苗的根和茎，造成缺苗断垄。蛴螬在表土中活动时形成许多空洞，使幼苗根系与土壤分离，造成幼苗成片死亡。

2. 生活习性

蛴螬有假死性和负趋光性，对未腐熟的有机肥有趋性。幼虫一直在地下活动，其活动方式与土壤温度和湿度有关：当10厘米土壤温度达5℃时，上升到表土层中活动，13℃～18℃时活动最盛，23℃以上则往深土层中移动；土壤潮湿时活动频繁，土壤干燥时向较深的土层移动。

3. 防治方法

（1）苗床地要保持清洁，及时清除杂草，不要堆放肥料，减少蛴螬食物来源。避免使用未腐熟的有机肥，以防招来成虫产卵。

（2）苗床土壤不要过湿，通过合理灌溉，使蛴螬向土层深处转移。

（3）整地前，每亩撒施4％二嗪磷颗粒剂1.2～1.5千克，或撒施1％高效氯氰菊酯颗粒剂5～7千克，深翻入土，杀死土壤中的幼虫。

（4）苗齐后，每亩用50％辛硫磷乳油200～250克，加水稀释10倍，喷在25～30千克细土上，拌匀制成药土，于傍晚撒在苗床面上。

（二）蝼蛄

1. 危害特点

蝼蛄主要危害茄果类、瓜类和十字花科蔬菜，其成虫和幼虫咬食种子，咬断幼苗的嫩茎，造成幼苗凋萎或发育不良。由于蝼蛄在土壤中活动造成空洞，常使秧苗的根部与土壤分离，造成秧苗失水干枯死亡。

2. 生活习性

蝼蛄一般昼伏夜出，具有很强的趋光性，对香、甜气味趋性强，适宜活动温度为13℃～20℃，5℃以下几乎停止活动，在温暖潮湿、腐殖质多的苗床中危害严重。

3. 防治方法

与蛴螬防治方法相同。

（1）夜间可利用黑光灯或频振式杀虫灯诱杀成虫。

（2）由于蝼蛄能在地面活动，可制作毒饵诱杀。用玉米面、麦麸等物碾碎炒香，加入 90％晶体敌百虫 50 倍液，并加适量水拌匀，于傍晚撒在苗床面上，可毒死夜间觅食的蝼蛄。

（三）小地老虎

1. 危害特点

小地老虎主要危害茄果类、瓜类、豆类和十字花科蔬菜，以其幼虫危害幼苗，啃食幼苗心叶，取食叶肉、叶脉、叶皮，咬断幼苗根茎，造成缺苗断垄。

2. 生活习性

小地老虎成虫昼伏夜出，在矮小杂草上交配产卵，具有很强的趋光性，对甜、酸气味有趋性，适宜活动温度为 18℃～26℃，适宜湿度为 70％左右。在秋冬雨水多、地势低洼、地下水位高、管理粗放、杂草丛生、比较疏松的壤土、沙壤土环境下危害严重。

3. 防治方法

（1）幼虫抗药性差，是防治的最佳时期，可用 2.5％溴氰菊酯乳油 100 毫升适当稀释，喷在 25～30 千克细土上，拌匀制成药土，于傍晚撒在苗床面上，毒杀害虫。

（2）可制作毒饵诱杀。切碎鲜嫩青草或菜叶作诱饵，用 50％辛硫磷 0.1 千克兑水 2～2.5 千克喷洒在切好的 50 千克草料上，或用 90％晶体敌百虫 0.5 千克兑水 2.5～5 千克喷洒在 50 千克碾碎炒香的菜籽饼上制成诱饵，拌匀后于傍晚分小堆放置于苗床面上，诱杀小地老虎幼虫。

（3）夜间可利用黑光灯或频振式杀虫灯诱杀成虫。

（4）配置糖醋液加少量敌百虫等农药诱杀成虫。

（5）小地老虎危害严重时，可在植株根茎部喷施 4.5％高效氯氰菊酯乳油 3000～4000 倍液进行防治。

（四）蛞蝓和蜗牛

1. 危害特点

蛞蝓（又称鼻涕虫）和蜗牛是近亲关系，主要危害叶菜类、茄果类和豆类蔬菜，以齿舌刮食幼苗嫩叶、嫩茎，造成缺刻或孔洞，严重时仅剩叶脉，可造成缺苗断垄，其排泄粪便诱发菌类侵染，影响蔬菜的品质和产量。

2. 生活习性

蛞蝓和蜗牛生活习性相似，具有昼伏夜出的特性，喜欢温暖、潮湿环境，忌阳光，适宜活动温度为 15℃～25℃，适宜湿度为 85％以上，春、秋季雨后发生严重，阴雨天可昼夜为害。

3. 防治方法

（1）清除田间杂草。

（2）在蛞蝓和蜗牛危害初期，每亩用 6％四聚乙醛颗粒剂 500 克，拌细土 15～20 千克，于傍晚均匀撒在受害植株周围。

（五）蚜虫和白粉虱

1. 危害特点

蚜虫和白粉虱均为刺吸式口器害虫，主要危害茄果类、瓜类、豆类和十字花科蔬菜。蚜虫和白粉虱将口器刺入叶肉，吸取植株汁液，造成蔬菜叶片失绿，顶芽停止生长，引起植株早衰，不能正常抽薹、开花和结籽，还易传播病毒。此外，白粉虱分泌的蜜露还会引发霉污病，使蔬菜受到污染。

2. 生活习性

蚜虫在蔬菜上产卵越冬，适宜繁殖温度为 16℃～24℃，3 月至 4 月孵化。蚜虫具有趋黄性，对叶片上有毛的十字花科蔬菜有选择性。白粉虱不耐低温，适宜活动温度为 25℃～30℃，在保护地内以各种虫态越冬，春季扩散到露地。成虫具有趋黄性，群集在叶背面，具有趋嫩性，在植株上部嫩叶活动取食和产卵。白粉虱不喜欢取食芹菜、菠菜、生菜、韭菜、葱、蒜等作物。

3. 防治方法

（1）育苗室放风口和门口覆盖防虫网，苗床设置黄板诱杀蚜虫和白粉虱，铺设银灰色地膜驱避蚜虫。

（2）在蚜虫和白粉虱发生初期，可用 10％吡虫啉可湿性粉剂 2000 倍液、3％啶虫脒乳油 2500～3000 倍液等任一种喷雾防治。

（六）小菜蛾

1. 危害特点

小菜蛾主要危害叶菜类蔬菜，初龄幼虫半潜叶为害，钻食叶肉，并能咬食叶柄、叶脉，形成孔洞和缺刻，严重时全叶被咬食成网状。一般在成苗期和炼苗期为害。

2. 生活习性

小菜蛾成虫昼伏夜出，具有趋光性，春季、秋季为发生高峰期，发育适宜温度为 20℃～30℃，在十字花科蔬菜连作地区发生严重。

3. 防治方法

（1）夜间可利用黑光灯或频振式杀虫灯诱杀成虫。

（2）气温在 20℃ 以上时，每亩用 16000IU/毫克苏云金杆菌可湿性粉剂 100～300 克，或 0.5％甲氨基阿维菌素苯甲酸盐乳油 1500～1700 倍液、10％虫螨腈悬浮剂 1200～1300 倍液等任一种喷雾防治。

第四章　蔬菜主要生产方式
及病虫害综合防治

第一节　露地蔬菜生产方式

一、露地蔬菜生产概况

（一）播种面积及产量

2021 年，成都市露地蔬菜播种面积为 243.02 万亩，占全市蔬菜播种面积的 91.2%；露地蔬菜产量为 552.27 万吨，占全市蔬菜产量的 87.2%。

（二）栽培季节、生产种类及栽培方式

露地栽培的冬春蔬菜主要有甘蓝、花菜、大白菜、莴笋、儿菜、棒菜、芹菜、大蒜等。其中，甘蓝、花菜、大白菜、莴笋、儿菜、棒菜一般采用育苗移栽；芹菜采用直播栽培或育苗移栽，本地多采用育苗移栽；大蒜采用直播栽培。

露地栽培的夏秋蔬菜主要有茄果类、瓜类、豆类蔬菜和落葵（软浆叶）、蕹菜（空心菜）、生姜、地瓜等。其中，茄果类和瓜类蔬菜多采用育苗移栽；豆类蔬菜、落葵采用直播栽培或育苗移栽；蕹菜一般采用扦插繁殖，也可采用直播栽培和育苗移栽；生姜、地瓜采用直播栽培。

周年可露地栽培小白菜、菜心、生菜等速生叶菜及萝卜。其中，小白菜通常采用直播栽培；菜心采用直播栽培或育苗移栽；不结球生菜采用直播栽培或育苗移栽，结球生菜采用育苗移栽；萝卜采用直播栽培。在寒冷和高温季节栽培，宜配套简易保护设施。

二、露地蔬菜栽培技术

（一）适时栽培

露地蔬菜应根据生产计划、当地气候条件、蔬菜种类及生物学特性适时栽培。

（二）整地施肥

1. 地块选择

应选择地势较高、排灌方便、疏松肥沃，并且 2～3 年未种植过同科蔬菜的沙壤土或壤土地块栽培，宜采用水旱轮作。已发生过严重病害的田块，应实行 5～6 年的轮作。

2. 开沟作厢

前作收获后，清洁田园，深翻土壤，炕土 7～10 天，耙平整细作厢。厢宽（包沟）视作物而定，一般沟宽 25～30 厘米，沟深 20～25 厘米，低洼地沟深 25～35 厘米。成都地区 7 月至 8 月多为雨季，此期正是露地果菜成熟采收期，提倡采用深沟高厢栽培，便于排除积水，减少雨水危害。

3. 施用底肥

底肥以充分腐熟的农家肥或商品有机肥、三元复合（混）肥为主，未经充分发酵腐熟的人粪尿及厩肥忌作有机肥。施肥时，应将肥料均匀撒在田中，再进行翻耕、耙平、整厢。一般底肥用量占总用肥量的 60%～70%。

（三）合理密植

应根据蔬菜品种特性、栽培季节、土壤肥力、栽培技术来确定合理的栽培密度。

（四）栽培要点

露地育苗蔬菜如大白菜、甘蓝、莴笋等，定植前一天对苗床浇水，以利于起苗。提倡采用地膜覆盖栽培，能保温、保水、保肥，达到提早上市和增产的效果。精心挑选壮苗，选择晴天定植，按行株距开穴栽苗，带土、带肥、带药移栽，栽苗后少量覆土，埋至幼苗根颈部，土稍加压实，浇足定根水。

露地直播蔬菜如萝卜、大蒜、小白菜、菠菜等，播种时应采取防除杂草的措施，如大蒜直播配合覆盖稻草，萝卜直播配合覆盖黑膜除草。直播主要采取撒播、点播和条播三种方式。撒播是在地面均匀撒上种子，适用于小白菜、菜心、菠菜等蔬菜；点播是将种子播于穴内，适用于萝卜和豆类蔬菜等；条播是按一定行距开沟，将种子均匀播于沟内，适用于胡萝卜、韭菜、大葱、生姜等蔬菜。播种后及时间苗、定苗，除去弱苗、病苗，在间苗的同时拔除杂草。

（五）田间管理

整个生长期结合追肥浇水，应轻浇、勤浇，保持土壤见干见湿，生长后期不再浇水。夏至前理好排水沟，做好雨季排水工作，防止田间积水。

追肥应本着少施、勤施、由淡到浓的原则进行。缓苗后可追施一次提苗肥；在产品器官迅速膨大期，根据不同蔬菜需肥特性追肥；结合施药适当进行叶面追肥，可用磷酸二氢钾和中微量元素肥，一般喷施 2～3 次；生长后期不宜追肥。

采取"预防为主、综合防治"的植保方针，田间设置黄板、蓝板、杀虫灯、性诱剂、糖醋液诱杀害虫，选用生物农药、高效低毒低残留的化学农药防治病虫害。

第二节　设施蔬菜生产方式

一、设施蔬菜生产概况

（一）播种面积、占地面积及产量

成都市蔬菜栽培设施有小棚、中棚、大棚（单体）、连栋大棚、普通温室、大型连栋温室等。2021 年，全市设施蔬菜播种面积为 23.58 万亩，占全市蔬菜播种面积的 8.8%；设施蔬菜产量为 81.43 万吨，占全市蔬菜产量的 12.8%。不同栽培设施的播种面积、占地面积和产量见表 4-1。

表 4-1　2021 年成都市设施蔬菜发展情况

设施类型	播种面积（万亩）	占地面积（万亩）	产量（万吨）
小棚	4.21	2.81	9.79
中棚	11.02	6.24	35.48
大棚（单体）	7.09	3.53	28.65
连栋大棚	0.93	0.47	6.29
普通温室	0.04	0.01	0.13

设施类型	播种面积（万亩）	占地面积（万亩）	产量（万吨）
大型连栋温室	0.29	0.09	1.09
合计	23.58	13.15	81.43

（二）栽培季节、生产种类及栽培方式

设施蔬菜栽培按栽培季节主要分为春提早栽培、夏季耐热避雨栽培和秋延后栽培。设施蔬菜生产种类包括喜温茄果类、瓜类、豆类以及部分叶菜类蔬菜如苋菜、落葵（软浆叶）、蕹菜（空心菜）、芫荽。茄果类、瓜类蔬菜通常采用育苗移栽；豆类蔬菜采用直播栽培或育苗移栽；苋菜一般采用育苗移栽；落葵多采用直播栽培；蕹菜一般采用扦插繁殖，也可采用直播栽培和育苗移栽；芫荽采用直播栽培。

1. 春提早栽培

春提早栽培指在早春寒冷时节，利用小棚、大中棚以及地膜的保温性能，在棚内栽培喜温为主的蔬菜，以达到早熟、高产的栽培效果。春提早栽培蔬菜品种繁多，从喜温的果菜类蔬菜如茄子、辣椒、番茄、黄瓜、豇豆，到喜温的叶菜类蔬菜如苋菜、蕹菜、落葵。

2. 夏季耐热避雨栽培

夏季具有气温高、暴雨频繁等特点，可利用地膜、防虫网、遮阳网、荫棚、小棚以及大中棚等设施进行耐热避雨栽培。夏季耐热避雨栽培的蔬菜品种主要有喜冷凉的芹菜、小白菜、芫荽、生菜以及部分喜温蔬菜如茄子、辣椒、番茄、黄瓜等。

3. 秋延后栽培

秋延后栽培指晚秋到冬季在大中棚内栽培喜温蔬菜如茄子、番茄、黄瓜等。冬季受严寒天气影响，露地果菜开花结果不良，若采用大中棚栽培方式，冬季早霜来临后，喜温果菜仍能正常开花结果。

二、设施蔬菜栽培技术

（一）地膜覆盖栽培技术

地膜覆盖主要应用于茄果类、瓜类、豆类等喜温蔬菜的春提早栽培，以及大白菜、甘蓝、莴笋等喜凉蔬菜的冬春栽培。市面上的地膜规格很多，有0.01毫米、0.02毫米等厚度，有80厘米、100厘米、120厘米、140厘米等不同宽幅，根据厢面宽度、使用时间选择使用。

1. 地膜覆盖效果

地膜覆盖具有提高地温、促进生长、提高产量、保墒防涝、疏松土壤、提高肥效、增强光照等效果。根据研究报道，与不覆盖地膜相比，地膜覆盖在蔬菜栽培过程中具有显著的增温效果，春季低温期间，地膜覆盖可使 $0 \sim 10$ 厘米深土层温度提高 $1 ℃ \sim 6 ℃$；加快生长速度，蔬菜可提早上市 $7 \sim 10$ 天；提高产量，一般可增产 $20 \% \sim 40 \%$；改良土壤结构，防止土面板结；防止雨水冲击，控制土壤湿度；促进养分转化，节省肥料；防除杂草，减轻病虫害。

2. 地膜的种类和功能

（1）无色地膜。

无色地膜也称白色地膜，其透光率为 $80 \% \sim 94 \%$，能有效提高地温，反光效果突出，增强光合作用，促进蔬菜提早上市，适用于早春大棚果菜类蔬菜和冬季蔬菜生产。

（2）黑色地膜。

黑色地膜透光率在 5% 以下，灭草率可达 100%，能有效防治杂草，节省除草用工，但增温效果不如无色地膜，适合于杂草丛生地块和夏秋蔬菜栽培。

（3）银黑双面地膜。

银黑双面地膜一面黑色，一面银色，使用时黑色向下覆盖地面，具有除草功能，银色向上，可反射光线，驱避蚜虫，减轻病毒病，主要用于辣椒、番茄、黄瓜等夏秋蔬菜栽培。

（4）黑白双面地膜。

黑白双面地膜一面黑色，一面白色，使用时一般白色向上，可增加地面反射光，增强光合作用，黑色向下覆盖地面，具有降低地温、保湿、灭草、护根等功能，主要用于夏秋蔬菜栽培。

3. 地膜覆盖栽培技术要求

（1）覆膜前准备。

整地必须耙平整细，再稍加镇压，使地膜紧贴于地表，不留空隙，以提高地膜保温、保水、保肥和除草的效果。整地作厢时，应适当加大底肥比例，为提高肥效应将底肥集中穴施或沟施。铺膜时必须保证土壤较好的墒情，以免膜上凝结的水珠阻挡土壤散热，从而造成地温过高灼伤菜苗。如果土壤墒情较差，铺膜前可以先在沟内浇水，待水渗下后再铺膜。

（2）覆膜方式。

可采用先播种后覆盖地膜和先覆盖地膜后播种两种方式。若采用前者，出苗时要及时破膜引苗，以防高温灼伤幼苗或引起死苗；若采用后者，根据株距在膜上打播种孔，播种处的膜口要用土封好，防止雨天积水烂根死苗，以及洞中热气冲出灼伤幼苗。栽培面积较小时可采用人工铺膜，大面积栽培时可用铺膜机。铺膜的同时将两边拉紧，并用土将膜压在厢面半坡处，以便浇水时水能较快漫过地膜。

（3）覆膜后管理。

为了防止蔬菜生长后期脱肥早衰，可离植株一定安全距离破膜打孔，孔内追施以氮、磷、钾为主的三元复合（混）肥，有条件的可采用膜下滴灌和喷灌，利用水肥一体设施随水追肥。正常情况下，地膜自覆盖后一直保留到拉秧，废旧地膜要及时清除，集中处理，防止污染。

（二）遮阳网覆盖栽培技术

1. 遮阳网规格

遮阳网是以聚烯烃为主要原料，经热拉丝编织而成的不同密度的塑料网。按遮光率分，有40%、65%、70%、85%、95%等类型；按幅宽分，有160厘米、200厘米、400厘米、600厘米、800厘米等不同规格。遮阳网使用寿命一般为3~5年。

2. 遮阳网应用效果

夏秋蔬菜覆盖遮阳网栽培可防止强光照射，降低土壤温度，适宜作物生长；能防旱保湿，减少浇水量和浇水次数；能防止暴雨危害，减少病害发生，土壤不易板结；选用银灰色遮阳网能驱避蚜虫，预防病毒病。

3. 遮阳网的选择

根据作物种类、栽培季节和不同地区的天气情况，选择相应颜色、规格的遮阳网。在蔬菜生产中，遮光率为40%~70%的遮阳网应用较多，其降温作用显著。常用黑色和银灰色遮阳网：黑色遮阳网降温快，适宜在炎夏短期覆盖使用；银灰色遮阳网适合喜温蔬菜和全生长期覆盖。夏秋季栽培耐弱光的叶菜类蔬菜可选用遮光率为40%~60%的黑色遮阳网。

4. 遮阳网覆盖方式

（1）浮面覆盖。

浮面覆盖指将遮阳网直接盖在地面上或植株顶部。一般用于夏秋蔬菜播种或定植后，待苗出齐或定植成活后可揭除遮阳网。

（2）棚架覆盖。

棚架覆盖指利用大中棚和小棚骨架覆盖遮阳网。按覆盖范围的不同，棚架覆盖分为全覆盖和半覆盖。

5．遮阳网覆盖栽培类型

（1）夏季蔬菜栽培。

主要用于夏季播种的菜心、小白菜、生菜、芫荽等蔬菜的耐热栽培。

（2）夏秋蔬菜育苗。

主要用于茄果类、瓜类蔬菜的夏秋育苗，避免高温、强光的影响，防止病毒病、灼伤病、畸形果的发生。

（3）秋季蔬菜提早育苗。

主要用于花菜、芹菜、甘蓝等蔬菜的早秋育苗，防止强光照射，降低出苗期温度，提高秧苗成活率。

（4）冬季食用菌栽培。

简阳市、金堂县等地冬季利用遮阳网栽培羊肚菌。

6．遮阳网揭盖方式

遮阳网揭盖应遵循的基本原则：晴天盖，阴天揭；光强盖，光弱揭；暴雨前盖，雨停时揭；出苗前全天盖，苗齐后适时揭；夏秋季防高温、强光，早盖晚揭。

夏秋季播种至出苗前，遮阳网可进行浮面覆盖，不须进行揭网管理，但出苗后须傍晚揭网；定植前5～7天，应揭网炼苗，以增强秧苗的抗逆性，提高秧苗成活率；定植后至缓苗前，遮阳网也可进行浮面覆盖，但应实行日盖夜揭，一般晴天上午10点盖网，下午4点揭网，切勿一盖到底；出苗及活苗后可进行棚架覆盖。

（三）塑料大中棚和小棚栽培技术

1．温度管理

春提早生产采取"大中棚＋地膜""小棚＋地膜""大中棚＋小棚＋地膜"等多层覆盖方式提早定植喜温蔬菜，应根据棚温变化规律和栽培品种生长温度要求做好温度管理工作。秧苗定植后一周不通风，以提高地温和气温，促进秧苗快速缓苗。定植成活后，大中棚逐渐通风，一般多在晴天上午10点通风，下午4点闭棚保温。晴天棚内温度达30℃以上时，可揭去部分棚膜进行通风，温度降至25℃时闭棚保温。随着气温的升高，小棚可日揭夜盖，逐渐加大通风量，一般在3月初左右拆除。3月中下旬常发生倒春寒，倒春寒来临时，要及时扣紧大中棚膜，棚内再次加盖小棚。4月至5月气温继续升高，大中棚延长通风时间，并加大通风量，还可利用排气扇进行通风。夜晚温度稳定在15℃以上时，揭去塑料大中棚围膜，进行昼夜通风。

在低温、高温极端天气下，棚内蔬菜易发生冻害、热害，应采取积极措施及时防范。1月至2月偶尔会发生霜冻，气温骤降至0℃，可在大中棚内的小棚上覆盖两层薄膜增温。据测定，采用多层覆盖技术比采用单层覆盖技术棚内气温高4℃～5℃。采用多层覆盖技术也不能达到要求时，可考虑利用增温块、空气电热线等进行临时加温。霜冻前，使用磷酸二氢钾＋芸苔素内酯叶面喷施，可提高植株抗寒力。7月至8月是一年中最热的时期，大中棚应揭去棚膜，结合浇水降温，有条件的覆盖遮阳网，降低光照强度，防止植株灼伤。

2. 湿度管理

在阴天、雨天或雾天，塑料棚内湿度较高，一般可达90%～100%，蔬菜易感染病害，应降低湿度。具体做法：经常刮去棚膜上的水珠，晴天上午打开通风口，湿度白天宜保持在50%～60%，夜间宜保持在80%～90%。

3. 光照管理

成都地区冬春自然光照弱，应选用透光率高的塑料薄膜，如无滴、多功能或三层复合膜。每隔1～2天擦除棚膜上的灰尘，清除棚膜上的水滴。晴天棚膜适当早揭迟盖，延长光照时间，满足植株对光照的需求。有条件的地区可进行人工补光。

4. 水肥管理

定植时浇足定根水，浇水与追肥结合进行，保持土壤湿润。禁止大水漫灌，提倡喷灌、滴灌、膜下灌溉。缓苗结束后可追施一次提苗肥；开花前要控制氮肥施用，防止徒长；坐果后重施膨果肥，采用穴施或沟施，促进开花、结果，提高产量，防止植株早衰，延长采收期。

第三节　蔬菜病虫害综合防治

一、农业防治

选用抗病虫品种，实行轮作，深沟高厢栽培，合理密植，及时整枝搭架，拔除病重株，清洁田园，深翻炕土，减少病虫源，科学施肥。

二、物理防治

（1）人工捕杀菜青虫、小菜蛾、斜纹夜蛾等。

（2）夏季害虫发生量大，覆盖20～24目银灰色防虫网避蚜，减少病毒病的发生。

（3）利用害虫的趋光性，用黑光灯或频振式杀虫灯诱杀害虫。灯的高度可根据作物高度适当调整，挂在作物上端 0.7～1.2 米处，每盏灯的控制面积为 20～40 亩。一般 4 月下旬至 10 月用灯，夜间 9 点至次日凌晨 4 点开灯，可诱杀小地老虎、豆荚螟、金龟子和夜蛾类、蝇类害虫等。

（4）利用害虫的趋色性，用黄板、蓝板诱杀害虫。黄板用途较广泛，可诱杀蚜虫、白粉虱、斑潜蝇等害虫。蓝板主要针对性诱杀蓟马、斑潜蝇等害虫。在虫害发生早期使用，每亩大田安置 25 张左右，插在田间厢面上或悬挂于大棚内，高出作物上端 15～20 厘米，粘满害虫后及时更换，可减少用药次数。

三、生物防治

（1）以虫治虫，以螨治螨。释放天敌，充分利用其对害虫的自然控害作用。防治红蜘蛛、茶黄螨、二斑叶螨等螨类，释放捕食螨、食螨瓢虫；防治韭蛆、蒜蛆，释放昆虫病原线虫、捕食螨；防治蓟马，释放捕食螨、小花蝽；防治蚜虫，释放蚜茧蜂、食蚜瘿蚊、瓢虫、草蛉；防治白粉虱、烟粉虱，释放丽蚜小蜂、烟盲蝽、草蛉；防治菜青虫、棉铃虫、小菜蛾、甜菜夜蛾等鳞翅目害虫，释放赤眼蜂、蠋蝽；防治斑潜蝇，释放姬小蜂、潜蝇茧蜂。在苗期及定植后，发现害虫即可释放天敌，创造有利于天敌生存的环境条件，选择对天敌杀伤力低的农药。

（2）以菌治虫，以菌治病。选用微生物农药防治病虫害，比如用苏云金杆菌防治菜青虫、小菜蛾、烟青虫等害虫，用斜纹夜蛾核型多角体病毒防治斜纹夜蛾，用白僵菌、绿僵菌防治小菜蛾、甜菜夜蛾、蓟马、白粉虱、烟粉虱、蚜虫、韭蛆等害虫，用淡紫拟青霉防治根结线虫，用木霉菌防治猝倒病、立枯病、灰霉病、霜霉病、根腐病等病害，用枯草芽孢杆菌防治立枯病、灰霉病、霜霉病、根腐病、白粉病、枯萎病、软腐病、细菌性角斑病、青枯病、根肿病等病害，用解淀粉芽孢杆菌防治青枯病、枯萎病、软腐病等病害，用荧光假单胞杆菌防治青枯病、灰霉病等病害。

（3）选用苦参碱、印楝素、烟碱、藜芦碱、鱼藤酮等植物农药防治菜青虫、小菜蛾、斜纹夜蛾、蚜虫等害虫。

（4）在害虫低龄幼虫期，利用昆虫生长调节剂灭幼脲 1 号或灭幼脲 3 号 500～1000 倍液喷雾防治害虫。

（5）根据不同害虫种类和发生特点选用性诱剂诱杀，每亩安放 1～2 套性诱捕捉器，每 30～45 天换一次诱芯。

四、化学防治

（1）利用糖醋液诱杀害虫。按糖∶醋∶酒∶水∶90％晶体敌百虫＝3∶3∶1∶10∶0.6 的比例配成糖醋液，每亩均匀放置 1~3 盆，能够诱杀小地老虎和夜蛾类、蝇类害虫等。

（2）制作毒饵诱杀害虫。将玉米面、麦麸等物碾碎炒香，加入 90％晶体敌百虫 50 倍液，并加适量水拌匀，于傍晚撒在植株根际周围，可诱杀蝼蛄、小地老虎等害虫。

（3）采用喷雾或灌根法防治病虫害。严格按照《农药合理使用准则（十）》（GB/T 8321.10—2018）的要求执行，当病虫害发生达到防治指标（适期）时，宜选用高效、低毒、低残留农药进行防治。根据病虫害情况间隔 7~10 天交替使用农药 1~2 次，使用农药后必须达到安全间隔期再采收产品。不使用国家和省、市规定禁用的高（剧）毒、高残留农药。建议使用 PB-16 型或 WS-16 型手动喷雾器、新型背负式机动喷雾（喷粉）器等新型施药器械。蔬菜主要病虫害及部分登记（推荐）农药见附录。

第五章　白菜类蔬菜生产技术

第一节　主要类别及品种

成都市白菜类蔬菜主要有大白菜、小白菜、瓢儿白、菜心等，应选择高产、抗病、适应性强且符合目标市场需求的品种，种子质量应符合《瓜菜作物种子 第2部分：白菜类》（GB 16715.2—2010）的要求。

一、大白菜

春季栽培选择冬性强、抽薹较晚、结球率高、耐热抗病的品种，如春福皇、健春、强春、良庆等；夏秋季栽培选择耐热、耐湿、生长期较短的品种，如夏阳50、早熟5号等；冬季栽培选择高产、优质的品种，如TI-145、秋宝、丰抗90等。

二、小白菜

小白菜即为直播栽培的不结球白菜或直播栽培的大白菜苗间苗时淘汰的幼苗。作秋淡栽培的应选择耐热性强的品种，如京研系列快菜、德高快菜，以及适合作早秋白菜的一些品种。

三、瓢儿白

春季栽培以幼苗（俗称鸡毛菜）或嫩株上市，在3月下旬之前播种宜选用晚熟、耐寒、耐抽薹的品种，如四月慢，在3月下旬之后播种多选用早熟和中熟的秋冬瓢儿白品种；夏季栽培选择耐热、抗病性强、商品性好的品种，如抗热青、抗热605青菜、早生华京、泰国四季青梗菜；秋冬季栽培选择耐寒、束腰性好的品种，如上海青、矮抗青、冬常青、二月慢、早生华京、黑油冬等。

四、菜心

宜选择抗病性强、优质、高产的优良品种，如四九菜心、油青系列等。

第二节　生产茬口

一、大白菜

成都地区一般春白菜于 2 月播种，夏秋白菜（早白菜）于 7 月中下旬至 8 月上旬抢晴天播种，冬白菜于 8 月下旬抢晴天播种。

二、小白菜

成都地区一般立春至冬至均可播种小白菜，作秋淡栽培的于 6 月中旬至 8 月中下旬分批播种。

三、瓢儿白

春季栽培，露地育苗于 10 月播种，保护地育苗于 12 月下旬至次年 1 月下旬播种，春季直播采收的，露地播种于 2 月下旬开始；夏季栽培于 4 月至 8 月上旬分批直播，多采用条播或撒播；秋季栽培于 8 月上旬至 9 月中下旬分批播种；冬季栽培于 9 月上旬至 10 月上旬播种。

四、菜心

早熟品种于 4 月至 8 月播种，中熟品种于 9 月至 10 月播种，晚熟品种于 10 月后播种。

第三节 生产管理

一、整地施肥

（一）地块选择

应选择地势较高、排灌方便、富含有机质、疏松肥沃，并且2~3年未种植过同科蔬菜的沙壤土或壤土地块栽培，宜采用水旱轮作。已发生过十字花科根肿病或其他严重病害的田块，应实行5~6年的轮作。

（二）开沟作厢

前作收获后，清洁田园，深翻土壤，炕土7~10天，耙平整细作厢，夏秋季提倡采用深沟高厢栽培。一般厢宽（包沟）1.4~1.8米，沟宽25~30厘米，沟深20~25厘米，低洼地沟深25~35厘米。

（三）施用底肥

1. 大白菜

每亩施腐熟农家肥2000~3000千克或商品有机肥500~700千克，同时施入三元复合（混）肥40~50千克或尿素10~15千克、过磷酸钙30~50千克、硫酸钾10~12千克。

2. 小白菜

每亩施腐熟农家肥1000千克或商品有机肥200~300千克，同时施入三元复合（混）肥30~40千克或尿素10~12千克、过磷酸钙30~50千克、硫酸钾8~10千克。

3. 瓢儿白

每亩施腐熟农家肥1000千克或商品有机肥200~300千克，同时施入三元复合（混）肥20~30千克。

4. 菜心

每亩施腐熟农家肥1000千克或商品有机肥200~300千克，同时施入三元复合（混）肥20~30千克。

二、适时定植

（一）大白菜

当幼苗长至 4 叶 1 心时定植。

（二）小白菜

生育期短，一般采用直播栽培，不需定植。

（三）瓢儿白

一般采用直播栽培，也可采用育苗移栽，在幼苗具 4～5 片叶时定植。

（四）菜心

在苗龄 18～25 天（晚熟品种 30 天左右），幼苗具 4～6 片叶时定植。

三、合理密植

（一）大白菜

一般春大白菜、夏秋大白菜每亩栽 4000～5000 株，冬大白菜每亩栽 3000～4000 株。

（二）小白菜

作秋淡栽培小白菜净作且采用条播的行距为 15～20 厘米。

（三）瓢儿白

株行距 15～20 厘米。

（四）菜心

株行距 10～15 厘米。

四、田间管理

（一）间苗、定苗

直播的小白菜应及时间苗、定苗。直播的瓢儿白在幼苗开始"拉十字"时进行第 1 次间苗，间苗宜早不宜迟，间去过密的小苗。当长出 4～5 片叶时进行第 2 次间苗，除去弱苗、病苗，同时可结合市场行情，开始间苗上市，在间苗的同时拔除杂草。直播的菜心幼苗出土后要及时间苗，保证幼苗有 6～7 厘米见方的营养面积，并加强田间管理。

（二）水肥管理

1. 大白菜

在结球始期和中期各追1次肥，一般每亩施尿素10~15千克，喷施0.2%磷酸二氢钾溶液2~3次，促进叶球迅速生长；在结球期喷施0.3%氯化钙溶液2~3次，促进结球和防止干烧心。结合追肥进行灌溉，应遵循见干见湿的原则，早秋时如果遇到雨日较多，可采用撬窝追施尿素等。

2. 小白菜

整个生长期应以速效氮肥如尿素等进行1~2次追肥，每次每亩施尿素5~10千克。小白菜栽培还需要充足的水分，因此应结合追肥浇水，尤其作秋淡栽培时应勤浇水。

3. 瓢儿白

播种后应及时浇水，保证齐苗、壮苗。定植或补栽后应浇水，以促进缓苗。根据栽培季节控制浇水量：低温季节需水量小，应少浇水，时间应安排在中午前后；高温季节需水量大，应经常浇水，宜在早晚进行。若遇暴雨季节，要及时清沟排水。在施足基肥的基础上，追肥以速效肥为主，生长中期（具3~4片真叶时）在叶片正反面喷施0.2%尿素溶液或稀释后的含氨基酸水溶肥。与常规追施尿素相比，这种追肥方式具有增产、减少硝酸盐积累等优点。

4. 菜心

缓苗后浇1次水，可追1次速效氮肥；进入叶片旺盛生长期和植株现蕾前追1~2次氮肥，并配合施用一些钾肥；进入菜薹形成期，如果菜薹抽薹缓慢，或者菜薹细弱，应及时补充肥水。兼收侧薹的主菜薹收获后，应追施1次重肥，每亩可施尿素10千克左右。

（三）中耕除草

播后苗前用48%氟乐灵乳油除草剂喷洒，种子出苗后注意人工清除杂草，在间苗的同时拔除杂草。

（四）其他管理

在大白菜生长中后期进行束叶，将外叶扶起包裹叶球，再用稻草或细绳将叶球束住，保护叶球不受霜冻和损伤。

五、病虫害防治

白菜类蔬菜主要病虫害有猝倒病、立枯病、病毒病、霜霉病、软腐病、根肿病、黑腐病、菌核病、炭疽病、蚜虫、菜青虫、白粉虱、小菜蛾、甜菜夜蛾、斜纹夜蛾、斑潜蝇等。防治方法参见第四章中的蔬菜病虫害综合防治。

六、及时采收

根据市场需求和蔬菜的自然商品成熟度及时采收，采收所用工具应清洁、卫生、无污染。

（一）大白菜

当叶球充分膨大，按压叶球顶部手感紧实，外叶基本老化，与球叶分界明显时，即可采收。

（二）小白菜、瓢儿白

当外叶叶色开始变淡，基部叶发黄，叶簇由生长转向闭合生长，心叶伸长到与外叶齐平，俗称"平心"时，即可采收。

（三）菜心

当菜薹最高叶片齐平时及时采收。

第六章 甘蓝类蔬菜生产技术

第一节 主要类别及品种

成都市甘蓝类蔬菜主要有甘蓝（本地俗称莲花白）、花菜（又称花椰菜）等，应选择高产、抗病、适应性强且符合目标市场需求的品种，种子质量应符合《瓜菜作物种子 第4部分：甘蓝菜》（GB 16715.4—2010）的要求。

一、甘蓝

春季栽培选择冬性强、抽薹迟、品质优的品种，如春福来、春丰、春雷、甘杂8号、中甘628、中甘56、京丰1号、冈吉等；夏秋季栽培选择抗病虫能力强、耐热、生育期短、品质优的品种，如成甘1号、甘杂新1号、征将、中甘8号、西园系列（2号~10号）等；冬季栽培选择耐寒、生育期较长、产量高、品质优的品种，如寒将军、鸡心甘蓝、甘杂8号、中甘1305、中甘1266、西园冬秀、西园13号、西园14号、大乌叶、二乌叶、寒春等。

二、花菜

花菜在成都地区春、秋、冬三季均可栽培，可根据栽培季节选择适当品种。作春花菜栽培宜选择耐寒性强、抽薹较晚的品种，如台瀛松花100等；作夏播秋收（早秋花菜）栽培宜选择早熟、耐热、抗病的品种，如温心58、台松50等；作冬花菜栽培宜选择中晚熟、生长期长、抗病、品质好的品种，如西河大花、成都二花、日本雪宝、白玉、白阳、雪岭等，以及温州花菜系列、福建花菜系列等。

第二节　生产茬口

一、甘蓝

一般春甘蓝于 9 月下旬至 10 月上中旬播种，夏甘蓝于 2 月播种，早秋甘蓝于 6 月播种，冬甘蓝于 7 月下旬播种。

二、花菜

一般春花菜于 9 月中下旬播种，早秋花菜于 6 月播种，冬花菜于 7 月上中旬至 8 月中旬播种。

第三节　生产管理

一、整地施肥

（一）地块选择

应选择地势较高、排灌方便、富含有机质、疏松肥沃，并且 2～3 年未种植过同科蔬菜的沙壤土或壤土地块栽培，宜采用水旱轮作。已发生过十字花科根肿病或其他严重病害的田块，应实行 5～6 年的轮作。

（二）开沟作厢

前作收获后，清洁田园，深翻土壤，炕土 7～10 天，耙平整细作厢，夏秋季提倡采用深沟高厢栽培。一般厢宽（包沟）1.5～2 米，沟宽 25～30 厘米，沟深 20～25 厘米，低洼地沟深 25～35 厘米。

（三）施用底肥

1. 甘蓝

每亩施腐熟农家肥 2000～3000 千克或商品有机肥 500～700 千克，同时施入三元复合（混）肥 40～50 千克或尿素 10～15 千克、过磷酸钙 25～30 千克、硫酸钾 15～20 千克。

2. 花菜

每亩施腐熟农家肥 1000～2000 千克或商品有机肥 300～500 千克，同时施入三元复合（混）肥 30～40 千克或尿素 10～12 千克、过磷酸钙 20～25 千克、硫酸钾 10～15 千克，每亩用硼砂 1 千克。

二、适时定植

（一）甘蓝

一般在苗龄 25～30 天，幼苗具 4～6 片真叶时定植。

（二）花菜

一般在苗龄 30～35 天，幼苗具 5～7 片真叶时定植。

三、合理密植

（一）甘蓝

早熟品种每亩栽 5000 株左右，中晚熟品种每亩栽 2500～3000 株。

（二）花菜

早熟品种每亩栽 2500～3000 株，中晚熟品种每亩栽 2000～2500 株。

四、田间管理

（一）水肥管理

1. 甘蓝

追肥应本着少施、勤施的原则进行。重点追施开盘（莲座期）和结球（卷心期）肥：在开大盘至卷心中期，每亩用尿素 10～15 千克、硫酸钾 8～10 千克追肥。卷心后期（结球后期）不再追肥。定植后根据情况浇水，待其缓苗后，结合提苗肥适当浇水，以后结合追肥浇水，卷心后期不再浇水。

2. 花菜

花菜生长期较长，需肥较多，一般定植后幼苗成活至花球形成期均以氮肥为主，每亩用尿素 5～10 千克，分 1～2 次施用；花球形成及膨大期，每亩追施三元复合（混）肥 20～25 千克，还可根据情况施用硼肥，方法是定植后幼苗成活到花球膨大期，用 0.1% 硼砂溶液叶面喷施 1～2 次。一般结合施肥进行浇水，要求土壤见干见湿。

（二）中耕除草

1. 甘蓝

定植后 6~10 天中耕 1 次，开大盘前中耕 1 次，结合中耕进行除草、培土。

2. 花菜

结合追肥进行中耕、除草和培土。

（三）其他管理

当花菜刚露出花球时进行束叶，把接近花球的大叶折断覆盖花球，并用绳子束在一起，保持花球颜色洁白。

五、病虫害防治

甘蓝类蔬菜主要病虫害有猝倒病、立枯病、病毒病、霜霉病、软腐病、根肿病、黑腐病、菌核病、炭疽病、蚜虫、菜青虫、小菜蛾、斑潜蝇等。防治方法参见第四章中的蔬菜病虫害综合防治。

六、及时采收

根据市场需求和蔬菜的自然商品成熟度及时采收，采收所用工具应清洁、卫生、无污染。

（一）甘蓝

当按压叶球顶部有紧实感而未裂球时，即可采收。

（二）花菜

根据各品种不同的生长期，当其花球充分长大，花球基部花枝略现松散时，及时采收。

第七章　芥菜类蔬菜生产技术

第一节　主要类别及品种

成都市芥菜类蔬菜主要有儿菜、棒菜、大头菜、榨菜等，应选择高产、抗病、适应性强且符合目标市场需求的品种。

一、儿菜

宜选择抗病虫能力强、抗逆性强、商品性好、适应性强的品种。

二、棒菜

宜选择抗病虫能力强、抗逆性强、商品性好、适应性强的品种，如花叶棒菜等。

三、大头菜

主要选择二马桩（又称成都大头菜）、荷包大头菜、缺叶大头菜、小叶大头菜等。

四、榨菜

宜选择抗病、高产、优质的品种，如涪杂1号、涪杂2号、涪丰14、永安小叶等。

第二节　生产茬口

一、儿菜

宜于 8 月下旬至 9 月上旬播种。

二、棒菜

宜于 8 月 20 日左右播种。

三、大头菜

宜于 8 月下旬至 9 月中旬播种。

四、榨菜

宜于 9 月上中旬播种。

第三节　生产管理

一、整地施肥

（一）地块选择

应选择地势较高、排灌方便、富含有机质、疏松肥沃，并且 2~3 年未种植过同科蔬菜的沙壤土或壤土地块栽培，宜采用水旱轮作。已发生过十字花科根肿病或其他严重病害的田块，应实行 5~6 年的轮作。

（二）开沟作厢

前作收获后，清洁田园，深翻土壤，炕土 7~10 天，耙平整细作厢，夏秋季提倡采用深沟高厢栽培。一般厢宽（包沟）儿菜、棒菜为 1.5~1.7 米，大头菜、榨菜为 1.3~1.5 米，沟宽 25~30 厘米，沟深 20~25 厘米。

（三）施用底肥

每亩施腐熟农家肥 1500~2000 千克或商品有机肥 400~500 千克，同时施入三元复合（混）肥 30~40 千克。

二、适时定植

（一）儿菜、棒菜

最佳移栽秧龄期为 25~30 天，最多不超过 35 天。

（二）大头菜

一般在苗龄 30 天左右，幼苗具 5 片真叶时移栽，此时已能见到稍膨大的肉质根。

（三）榨菜

一般在苗龄 35~40 天，幼苗出现第 6 片真叶时移栽，力求 10~15 天移栽完毕。

三、合理密植

（一）儿菜

每厢移栽 3 行，株行距 50~70 厘米，每亩栽 2000 株左右。

（二）棒菜

每厢移栽 4 行，株行距 35~40 厘米，每亩栽 4500 株左右。

（三）大头菜

一般行距 50 厘米，株距 35 厘米，每亩栽 3000~4000 株。早熟品种每亩栽 5000 株左右，中晚熟品种每亩栽 2500~3000 株。定植时将幼苗直根垂直于定植穴中心，移栽深度不要超过短缩茎处，要求根系不扭曲，不受损伤，将来肉质根生长整齐，侧根少。

（四）榨菜

一般每亩栽 6000~8000 株。其中，永安小叶每亩栽 7000~8000 株，涪杂 1 号、涪丰 14 每亩栽 6000~7000 株，涪杂 2 号每亩栽 6500~7000 株。在此范围内，早播者宜稀，晚播者宜密；用作鲜食蔬菜者宜稀，用作榨菜加工原料者宜密；肥土宜稀，瘦土宜密。

四、田间管理

（一）水肥管理

1. 儿菜

在缓苗后，茎基部开始膨大时，每亩用三元复合（混）肥 50 千克混匀穴施，肥料距离苗基部 2～3 厘米。

2. 棒菜

在移栽缓苗后 7～8 叶期，每亩用尿素 5 千克、三元复合（混）肥 5 千克穴施。到 13 叶期左右，每亩用尿素 7.5 千克、三元复合（混）肥 7.5 千克穴施，并注意中间松土保窝，防止倒伏。在 15 叶期，选雨天或下雨之前，每亩用尿素 7.5 千克全田撒施。

3. 大头菜

移栽成活后（一般移栽后 7～10 天），每亩施三元复合（混）肥 10 千克、尿素 5 千克，以促使形成强大的叶簇；叶片和肉质根迅速生长时追肥 1～2 次，每次每亩施尿素 12～15 千克、硫酸钾 8～10 千克。

4. 榨菜

移栽后 1～2 天，施清淡尿素溶液作定根水；移栽后 15～20 天，每亩追施尿素 5 千克；移栽后 45～50 天，每亩追施尿素 18 千克；移栽后 75～80 天，每亩追施尿素 2～3 千克。

（二）中耕除草

移栽后到收获前要对田间进行 2～3 次中耕除草，中耕时要注意不要弄伤植株，宜采用人工除草。

五、病虫害防治

芥菜类蔬菜主要病虫害有猝倒病、立枯病、病毒病、霜霉病、软腐病、菌核病、根肿病、蚜虫、菜青虫、小菜蛾、蛞蝓等。防治方法参见第四章中的蔬菜病虫害综合防治。

六、及时采收

根据市场需求和蔬菜的自然商品成熟度及时采收，采收所用工具应清洁、卫生、无污染。

（一）儿菜

当儿芽突起，超过主茎顶端，完全无心叶，呈罗汉状重叠时进行分次采收，采大留小。

（二）棒菜

当嫩茎充分膨大时采收。

（三）大头菜

一般肉质根已充分膨大至花薹即将出现之前采收，成熟的标志为基叶已枯黄，根头部由绿色转为黄色。

（四）榨菜

当榨菜"冒顶"时收获最为适宜，特别是涪杂1号，应严格按照此标准及时收获。所谓"冒顶"，即用手分开2～3片心叶能见到淡绿色花蕾。过早收获，瘤茎未充分成熟，产量不高，影响菜农收入；过晚收获，榨菜含水量增加，皮筋增厚增粗，营养物质减少，加工成菜率下降，品质变劣。

第八章　绿叶类蔬菜生产技术

第一节　主要类别及品种

成都市绿叶类蔬菜主要有莴笋、生菜、芹菜、蕹菜、落葵、菠菜等，应选择高产、抗病、适应性强且符合目标市场需求的品种，种子质量应符合《瓜菜作物种子 第5部分：绿叶菜类》（GB 16715.5—2010）的要求。

一、莴笋

莴笋按收获季节分为春莴笋、夏莴笋、秋莴笋和冬莴笋四大类。春莴笋应选择不易抽薹或抽薹迟的品种，如挂丝红、二青皮、种都3号等；夏莴笋应选择具有抗热性、对日照不敏感、不易抽薹的品种，如云南大花叶、种都3号、青洋棒等；秋莴笋应选择耐热、对高温长日照不敏感的早中熟品种，如科兴尖叶9号、云南大花叶、白洋棒、夏抗38等；冬莴笋应选择耐寒性强的品种，如竹筒青、特耐寒二青皮、三青、二叶子、青洋棒、种都3号等。

二、生菜

夏秋季栽培宜选择耐热、不易抽薹的不结球（散叶）生菜；冬季栽培宜选择生长期长、高产的结球或散叶生菜。目前有南海软尾、玻璃生菜、紫生菜、意大利生菜、大湖等生菜品种。

三、芹菜

芹菜主要分为本芹和西芹两大类。成都地区以本芹栽培为主。本芹可根据叶柄颜色分为白芹和青芹。白芹主要有二黄芹、草白芹等，青芹宜选择实心品种。西芹主要有高优它、优它系列等。生产上可根据栽培季节、目标市场的需求选择适当的品种。

四、蕹菜

主要选择成都地方良种大蕹菜（又称水蕹菜），该品种叶片较小，质地柔嫩，生长期长，产量高。

五、落葵

落葵分红梗落葵和青梗落葵两种类型。宜选择青梗落葵。

六、菠菜

菠菜的适应性广，生育期短，速生快熟，四季均可栽培，而以秋季为主要栽培季节。夏秋季栽培宜选择耐热力强的品种，如日本大叶菠菜、美国大圆叶菠菜等。

第二节　生产茬口

一、莴笋

春莴笋于 11 月上旬至次年 1 月播种，夏莴笋于 3 月至 5 月播种，秋莴笋于 6 月至 7 月播种，冬莴笋于 8 月中旬至 10 月上旬播种。

二、生菜

一般不结球生菜可排开播种，结球生菜于 8 月至次年 3 月播种，最佳播种期为 8 月中旬至 11 月上旬。

三、芹菜

成都地区周年均可生产芹菜。

四、蕹菜

10 月下旬至 11 月初选晴天挖出健壮的根茎作为种藤，略加晾干，采用沙藏法贮藏，第二年取出扦插定植。

五、落葵

从春季到秋季都可栽种，当气温稳定在20℃以上即可播种栽培。1月下旬至3月宜采用设施栽培。

六、菠菜

春菠菜最佳播种期为2月上旬至3月上旬，秋菠菜最佳播种期为8月下旬至9月上旬，越冬菠菜最佳播种期为9月中旬至11月下旬。

第三节 生产管理

一、整地施肥

（一）地块选择

应选择地势较高、排灌方便、富含有机质、疏松肥沃，并且2～3年未种植过同科蔬菜的沙壤土或壤土地块栽培，宜采用水旱轮作。

（二）开沟作厢

前作收获后，清洁田园，深翻土壤，炕土7～10天，耙平整细作厢，夏秋季提倡采用深沟高厢栽培。一般厢宽（包沟）莴笋为1.4～1.5米，生菜为0.8～0.9米，芹菜、菠菜为1.5～1.7米，蕹菜为1.2～1.4米，落葵夏播为3.3米，秋播为1.7米。一般沟宽25～30厘米，沟深20～25厘米，低洼地沟深25～35厘米。

（三）施用底肥

1. 莴笋

每亩施腐熟农家肥2000～3000千克或商品有机肥500～700千克，同时施入三元复合（混）肥30～40千克或尿素10～12千克、过磷酸钙20～30千克、硫酸钾15千克。

2. 生菜

每亩施腐熟农家肥1000～2000千克或商品有机肥300～500千克，同时施入三元复合（混）肥 20~30 千克或尿素 8~10 千克、过磷酸钙 20~25 千克、硫酸钾 15 千克。

3. 芹菜

每亩施腐熟农家肥 1500~2500 千克或商品有机肥 400~600 千克，同时施入三元复合（混）肥 30~40 千克或尿素 10~15 千克、过磷酸钙 20~30 千克、硫酸钾 15 千克。

4. 蕹菜

每亩施腐熟农家肥 2000~3000 千克或商品有机肥 500~700 千克，同时施入三元复合（混）肥 40~50 千克或尿素 10~15 千克、过磷酸钙 30~40 千克、硫酸钾 15~20 千克。

5. 落葵

每亩施腐熟农家肥 2000~3000 千克或商品有机肥 500~700 千克，同时施入三元复合（混）肥 40~50 千克或尿素 10~15 千克、过磷酸钙 25~30 千克、硫酸钾 15~20 千克。

6. 菠菜

每亩施腐熟农家肥 1000~1500 千克或商品有机肥 200~400 千克，同时施入三元复合（混）肥 20~30 千克或尿素 8~10 千克、过磷酸钙 20~30 千克、硫酸钾 15 千克。

二、适时定植

（一）莴笋

定植苗以具 4~5 片真叶为宜，苗龄 30 天左右。

（二）生菜

散叶生菜在苗龄 25 天左右，幼苗具 4~6 片真叶时定植；结球生菜在苗龄 30~35 天，幼苗具 5~6 片真叶时定植。

（三）芹菜

定植苗以具 4~5 片真叶为宜，苗龄 50 天左右。

（四）蕹菜

蕹菜一般在 3 月下旬至 4 月上旬露地扦插。采用小拱棚套地膜栽培或采用大棚套小拱棚套地膜扦插，可提早到 2 月下旬。

（五）落葵

落葵一般采用直播栽培，也可育苗移栽，在幼苗具 4~5 片真叶时定植。

（六）菠菜

菠菜生育期短，一般采用直播栽培，不需定植。

三、合理密植

（一）莴笋

一般每亩栽 3500～5500 株，夏莴笋、秋莴笋应加大密度。

（二）生菜

一般散叶生菜株行距 14～18 厘米，结球生菜株行距 17～20 厘米。每亩定植早熟品种 5000～6000 株，中熟品种 4000～5000 株，晚熟品种 4000～4500 株。

（三）芹菜

一般本芹可采用 10～12 厘米见方的种植密度，西芹则根据其开展度采用 20～25 厘米见方的种植密度。

（四）蕹菜

一般采用横行扦插栽植，株距 15～20 厘米。

（五）落葵

落葵可撒播或条播。撒播每亩用种量 6～7 千克，条播每亩用种量 1～1.5 千克。采用设施栽培的，播后盖薄膜或遮阳网。

（六）菠菜

经催芽出芽后掺潮土（或潮沙）撒播，或开沟条播，行距 20 厘米，每亩用种量 2～4 千克。

四、田间管理

（一）水肥管理

1. 莴笋

一般需要施肥 2～3 次。第一次在定植 5～7 天缓苗后，及时施一次 0.3% 尿素溶液作提苗肥；第二次在莲座叶开始形成时，每亩施三元复合（混）肥 15 千克；第三次在茎开始膨大时，每亩施三元复合（混）肥 20 千克，并用 0.2% 磷酸二氢钾溶液叶面喷施。莴笋生长期浇水应轻浇、勤浇，茎部开始膨大时应及时浇水，以免后期裂口。

2. 生菜

前期和中期追肥浓度由淡到浓，宜用尿素 8~12 千克或三元复合（混）肥 20~30 千克；结球期可用 0.1%~0.2%尿素溶液加磷酸二氢钾溶液叶面喷施，收获前 7~10 天不允许追施氮素化肥，生长期不允许使用粪水作追肥。根据缓苗后天气、土壤干湿情况适时浇水，中后期浇水不要过量，设施栽培应控制棚内湿度，采收前 5 天要控制浇水。

3. 芹菜

整个生长期均应保持土壤湿润。定植后，在植株生长前期，应用尿素 5~6 千克提苗 1~2 次；进入生长盛期，重施一次肥，每亩施尿素 10~15 千克、硫酸钾 10~15 千克；到了生长中后期，每亩施尿素 5~10 千克、硫酸钾 5~10 千克，还可用 0.2%磷酸二氢钾、0.1%硼砂、0.3%氯化钙溶液等进行根外喷洒，防止发生黑心病和叶柄开裂。

4. 蕹菜

种藤返青后进行第一次追肥，每亩施尿素 5~10 千克；采收第一批产品后进行第二次追肥，每亩施尿素 10~15 千克；以后每采收一次追一次肥，结合追肥进行浇水。

5. 落葵

追肥应在采收后进行，宜采用速效氮肥，一般每亩施尿素 10~15 千克，每采收一次追一次肥。

6. 菠菜

天气干旱时可勤浇水，保持土壤湿润，以利于幼苗生长。大雨后要排水防涝。长出 4~5 片叶后进入生长盛期，应分期随水施肥，采收前 3~5 天要浇足水，以提高产品质量。每亩施尿素 10~15 千克。春季和秋季一般追肥一次即可采收；冬季和越冬菠菜需追肥两次，在 4~5 叶期和采收前 20~30 天各追一次壮苗肥。

（二）中耕除草

中耕不宜太深，一般 3~5 厘米即可。结合中耕除草。

（三）其他管理

秋莴笋、秋芹菜栽后遇烈日曝晒，应用遮阳网短期遮阴保苗；落葵蔓长到 30 厘米时应及时搭架，并尽早除去花枝。

五、病虫害防治

绿叶类蔬菜主要病虫害有猝倒病、立枯病、病毒病、霜霉病、软腐病、菌核病、斑枯病、根肿病、炭疽病、蚜虫、菜青虫、小菜蛾、斜纹夜蛾、斑潜蝇等。防治方法参见第四章中的蔬菜病虫害综合防治。

六、及时采收

根据市场需求和蔬菜的自然商品成熟度及时采收，采收所用工具应清洁、卫生、无污染。

（一）莴笋

当主茎顶端与最高叶片的叶尖齐平时，应及时采收。

（二）生菜

一般在叶球稍紧实时采收。

（三）芹菜

一般在叶柄长达 40 厘米左右，新抽嫩薹在 10 厘米以下时，即可采收。

（四）蕹菜

一般在藤蔓长到 30 厘米左右时进行第一次采收。在采收第 1~2 次时，留基部 2~3 节；采收 3~4 次后，应适当重采，仅留基部 1~2 节。

（五）落葵

当植株长至 6~7 片叶时即可采收，一般前期留 3~4 片叶摘收嫩梢，以后摘叶上市。

（六）菠菜

当植株长到 20~25 厘米时，即可陆续间拔收获上市。

第九章　茄果类蔬菜生产技术

第一节　主要类别及品种

成都市茄果类蔬菜主要有番茄、茄子、辣椒等，应选择高产、抗病、适应性强且符合目标市场需求的品种，种子质量应符合《瓜菜作物种子 第3部分：茄果类》（GB 16715.3—2010）的要求。

一、番茄

生产上硬粉果番茄品种类型占主导地位，其次为红果及樱桃番茄。春夏季栽培应选择耐低温弱光的早中熟品种，夏秋季栽培应选择抗病毒病、耐热的品种。目前有瑞丽、齐达利、索菲亚、普罗旺斯、粉佳丽、川红1号、川粉红1号、千禧、黄妃、红瑞娜等品种。

二、茄子

春提早栽培选择耐低温弱光、对病害多抗的品种，秋延后栽培选择耐热、耐湿、抗病的品种。目前的早熟品种有三月茄、蓉杂茄系列（1号、2号、3号、4号、5号、8号）等，中晚熟品种有竹丝茄、墨茄等。

三、辣椒

目前菜椒品种主要有湘研系列、种都系列等，线辣椒品种主要有二荆条、川腾系列、红冠系列、蜀香2号、川椒20号等，泡椒品种主要有二荆条、墨西哥泡椒等。

第二节　生产茬口

一、番茄

春季设施栽培采用塑料大中棚冷床育苗的于 10 月播种，春季露地栽培采用塑料大中棚冷床育苗的于 10 月或 2 月至 3 月播种，采用温床育苗的于 11 月下旬至 12 月播种；夏秋季栽培一般采用遮阳网覆盖育苗或露地育苗，5 月下旬至 6 月中旬播种，苗龄 20～25 天左右。

二、茄子

一般春早熟栽培采用塑料棚覆盖冷床育苗的于 10 月播种，采用温床育苗的可于 11 月下旬播种，春季露地栽培采用塑料棚覆盖冷床育苗的于 10 月或 2 月至 3 月播种；秋季栽培的于 6 月播种，应采用遮阳网覆盖，避雨遮阴育苗。

三、辣椒

一般春早熟栽培采用塑料大中棚冷床育苗的于 10 月播种，春季露地栽培采用塑料棚覆盖冷床育苗的于 10 月或 2 月至 3 月播种；秋延后栽培的于 6 月至 7 月采用遮阳网覆盖播种育苗。宜采用穴盘、营养杯等护根措施育苗。

第三节　生产管理

一、整地施肥

（一）地块选择

宜选择肥沃、疏松、排灌方便，并且 3～5 年未种植过茄科蔬菜的壤土地块定植，提倡水旱轮作。

（二）开沟作厢

定植前深翻土壤，炕土 7～10 天，耕翻深度 25～30 厘米，采用深沟窄厢栽培。厢面宽窄依品种而定，沟深 25~30 厘米。

1. 番茄

一般厢宽（包沟）1.4~1.5 米。

2. 茄子

一般厢宽（包沟）1.5~1.65 米。

3. 辣椒

结合整地，按 1.4~1.5 米厢宽（包沟）作厢。

（三）施用底肥

1. 番茄

每亩施腐熟农家肥 2000~3000 千克或商品有机肥 500~700 千克，同时施入三元复合（混）肥 50~60 千克或尿素 15~20 千克、过磷酸钙 50~60 千克、硫酸钾 15~20 千克。

2. 茄子

每亩施腐熟农家肥 1500~2000 千克或商品有机肥 400~500 千克，同时施入三元复合（混）肥 40~50 千克或尿素 12~15 千克、过磷酸钙 50~80 千克、硫酸钾 15~20 千克。

3. 辣椒

每亩施腐熟农家肥 1000~2000 千克或商品有机肥 300~500 千克，同时施入三元复合（混）肥 40~50 千克或尿素 12~15 千克、过磷酸钙 50~80 千克、硫酸钾 15~20 千克。

（四）栽培设施

因成都市早春温度偏低，且春末夏初气温回升快，故早熟品种提倡采用保护地栽培。作春早熟栽培的采用地膜覆盖或塑料大中棚套地膜或小拱棚套地膜栽培。秋延后栽培的提倡避雨栽培。定植前应施足底肥，平整厢面，用地膜盖严厢面，四周用细土压严，也可先栽苗后盖膜。7 月至 9 月，大中棚高温闷棚 15~20 天，或定植前将保护设施密闭，每亩用 45％百菌清烟雾剂 250 克熏蒸，可以有效消毒杀菌。

二、适时定植

（一）番茄

春早熟大棚设施栽培的可提前到 1 月下旬至 2 月初定植。春季地膜覆盖露地栽培的可在 3 月中旬气温稳定通过 10℃时定植。秋番茄可于 6 月中下旬至

8月中上旬定植。

（二）茄子、辣椒

春季大棚设施栽培的可提前到2月初定植。春季地膜覆盖露地栽培的可于3月下旬至4月上旬气温稳定通过12℃时定植。秋季可于6月中下旬至8月中上旬定植。

三、合理密植

（一）番茄

每厢栽2行，行距70~80厘米，株距45厘米左右。

（二）茄子

每厢栽2行，行距75~80厘米，株距45厘米左右。

（三）辣椒

每厢栽2行，行距60厘米，株距30~40厘米，每亩栽2800~3700株，采用错窝栽培效果更好。

四、田间管理

（一）水肥管理

1. 番茄

定植后15天左右，每亩施尿素5~6千克提苗；第一穗果膨大时，每亩施三元复合（混）肥15~20千克、过磷酸钙10~20千克；第二穗果坐住时，每亩施高钾型复合（混）肥20~25千克、过磷酸钙10~20千克、硫酸钾5千克。初花期，叶面喷施0.1%硼肥溶液，每7~10天喷一次，连喷2次；生长中后期，叶面喷施0.1%硫酸锰、0.1%硫酸锌溶液，每10~15天喷一次，连喷2次；采收盛期，根据植株长势可适当追肥。在定植及坐果后，保持土壤湿润；雨季做好排水工作。

2. 茄子

定植缓苗后，用0.3%~0.5%尿素溶液提苗；当门茄达到"瞪眼期"（花受精后子房膨大露出花萼时），每亩施三元复合（混）肥15~20千克；当对茄膨大时，每亩施三元复合（混）肥20~25千克；采收盛期，根据植株长势可适当追肥。禁止大水漫灌，提倡喷灌、滴灌、膜下灌溉。

3. 辣椒

定植后 7~10 天，用 0.3%~0.5% 尿素溶液提苗；初花期，可用 0.1% 硼砂溶液进行根外追肥，每半个月一次，2 次即可；门椒开始膨大时，每亩施三元复合（混）肥 10~15 千克；第二至第三果膨大时，每亩施三元复合（混）肥 15~20 千克；采收盛期，根据植株长势可适当追肥。根据土壤干旱程度适当补水；雨季来临前，疏通排水沟渠，雨后及时排除积水。

（二）植株调整

1. 番茄

根据品种特性选用单干式整枝或双干式整枝。单干式整枝只留主茎，所有侧枝完全摘去。双干式整枝，除主茎外，再留第一花序至下叶腋所生的一条侧枝，其他枝全部摘去，整枝应在晴天进行。当植株长到 30 厘米时，开始搭人字架，或采取吊蔓栽培，将主茎绑在架上或吊绳上，结合绑蔓整枝及时将果穗固定。在第一台果接近成熟时，摘除基部老、病叶。对无限生长类型品种，生长后期应进行摘心处理。

2. 茄子

早熟栽培适度整枝，留主干和 1~2 个分枝，在植株生长过程中及时摘除基部老、黄、病叶，以利于通风和植株生长。

3. 辣椒

辣椒坐果后，将第一级分杈下的侧枝及时摘除，同时摘除植株下部的老、病叶。

（三）保花保果

早熟栽培的番茄、茄子可采用生长调节剂保花保果，增加前期产量。番茄用 1% 对氯苯氧乙酸钠可溶液剂 400~670 倍液喷花，在单个花序开花 2~3 朵时，用喷雾器均匀喷施盛开花朵，每朵花处理 1 次，不重复喷施，喷湿为度，用药后的花序可做标记以便区分。

五、病虫害防治

番茄主要病虫害有猝倒病、立枯病、青枯病、叶霉病、病毒病、早疫病、晚疫病、灰霉病、白粉病、蚜虫、棉铃虫、茶黄螨、红蜘蛛、烟蓟马、斑潜蝇、根结线虫等；茄子主要病虫害有猝倒病、立枯病、褐纹病、黄萎病、绵疫病、灰霉病、白粉病、病毒病、棉铃虫、茶黄螨、红蜘蛛等；辣椒主要病虫害有猝倒病、立枯病、炭疽病、病毒病、疫病、蚜虫、烟青虫、茶黄螨、红蜘蛛等。防治方法参见第四章中的蔬菜病虫害综合防治。

六、及时采收

根据市场需求和蔬菜的自然商品成熟度及时采收，采收所用工具应清洁、卫生、无污染。

（一）番茄

果实充分膨大，全面转红时即可采收。贮存保鲜的可在番茄绿熟期采收。

（二）茄子

色泽光亮，果实充分膨大，萼片与果实相连的环带由宽变窄或不明显，即达到采收标准。

（三）辣椒

长到最大果形，果肉开始加厚时即可采收。应及时采收以促进后期果实膨大。露地加工型辣椒果实转红后集中采收。

第十章　瓜类蔬菜生产技术

第一节　主要类别及品种

成都市瓜类蔬菜主要有黄瓜、苦瓜、冬瓜、丝瓜、西葫芦等，应选择高产、抗病、适应性强且符合目标市场需求的品种，种子质量应符合《瓜菜作物种子 第 1 部分：瓜类》（GB 16715.1—2010）的要求。

一、黄瓜

如燕白、津优系列、津研系列、川绿系列等品种。

二、苦瓜

如碧秀、新秀、大白苦瓜、白玉苦瓜等品种。近年来，成都地区实生苗枯萎病发病率偏高，所以无论是生茬还是重茬，建议栽培嫁接苗。

三、冬瓜

如五叶子冬瓜、蓉抗 4 号、蓉抗 5 号、一串铃冬瓜、川粉冬瓜一号、巨丰 1 号、吉乐冬瓜等品种。

四、丝瓜

如蓉杂丝瓜 1 号、蓉杂丝瓜 2 号、蓉杂丝瓜 3 号、蓉杂 4 号、早冠 406、早佳丝瓜、三比 2 号等品种。

五、西葫芦

春季栽培选择耐低温弱光、抗病性强、丰产和商品性好的品种，夏秋季栽培选择耐高温、耐涝、抗病毒病的品种。

第二节　生产茬口

一、黄瓜

春、夏、秋三季均可栽培。春季栽培于 12 月至次年 3 月上中旬播种，夏季栽培于 4 月中旬至 5 月下旬播种，秋季栽培于 6 月下旬至 7 月播种。

二、苦瓜

早春至初夏均可播种。春季栽培的早春播种，夏季上市；秋季栽培的初夏播种，秋季上市。或从专业育苗公司购买种苗。

三、冬瓜

成都地区冬瓜一般在 2 月至 3 月播种。

四、丝瓜

早春设施栽培的于 1 月至 2 月中旬播种，采用大棚加小拱棚育苗；春季露地栽培的于 2 月下旬至 3 月中旬播种，采用小拱棚育苗；夏秋季栽培的于 6 月播种。

五、西葫芦

春、夏、秋三季均可栽培。春季一般采用设施栽培，于 11 月中旬至次年 2 月中上旬播种；夏季栽培于 3 月中旬至 4 月上旬播种；秋季栽培于 7 月中旬至 8 月中旬播种。

第三节　生产管理

一、整地施肥

（一）地块选择

应选择 2~3 年未种植过瓜类蔬菜、排灌方便、有机质含量高的壤土或沙壤土。

（二）开沟作厢

定植前深翻土壤，炕土 7~10 天，耕翻深度 25~30 厘米，采用深沟窄厢栽培。春季栽培厢面覆盖无色地膜，夏秋季栽培厢面覆盖黑色或银色地膜。

1. 黄瓜

整地后按照 1.3 米包沟开厢，厢宽 0.9 米。要求高畦栽培，沟深利于排水为宜。

2. 苦瓜

中晚熟品种如碧秀，早春采用大棚栽培，深翻起垄作厢，厢宽 5~6 米，四周作深 30 厘米左右的沟，厢面中间作一浅沟，在预栽培处各垒一个高 15 厘米、直径 40 厘米左右的有坡度的小土堆，种苗定植于土堆上。

3. 冬瓜

按照 1.5 米包沟开厢，整细土壤晾晒。

4. 丝瓜

早春栽培的大棚内按照 1.4 米包沟开厢，春季露地栽培的和夏秋季栽培的按照 1.4~1.6 米包沟开厢。

5. 西葫芦

整地按照 1.3~1.5 米包沟开厢，厢宽 0.9~1.1 米。要求高畦栽培。

（三）施用底肥

移栽整地前先将肥料撒施均匀，也可加入土壤消毒剂进行病虫害预防，翻耕时一起翻耕到土壤里，然后起垄作厢。

1. 黄瓜

每亩施腐熟农家肥 2000~3000 千克或商品有机肥 500~700 千克，同时施入三元复合（混）肥 40~50 千克作底肥。

2. 苦瓜

每亩施腐熟农家肥 2000～3000 千克或商品有机肥 500～700 千克，同时施入三元复合（混）肥 50～60 千克或尿素 15～20 千克、过磷酸钙 60～80 千克、硫酸钾 10～15 千克。

3. 冬瓜

每亩施腐熟农家肥 2000～3000 千克或商品有机肥 500～700 千克，同时施入三元复合（混）肥 50～60 千克或尿素 15～20 千克、过磷酸钙 60～80 千克、硫酸钾 10～15 千克。

4. 丝瓜

每亩施腐熟农家肥 2000～3000 千克或商品有机肥 500～700 千克，同时施入三元复合（混）肥 40～50 千克。

5. 西葫芦

每亩施腐熟农家肥 2000～3000 千克或商品有机肥 500～700 千克，同时施入三元复合（混）肥 30～40 千克、钙镁磷肥 20 千克、硼砂 1.5 千克。

（四）栽培设施

春早熟栽培瓜类蔬菜要定植于大棚内。定植前搭建单栋大棚，也可搭成连栋大棚。在定植前 20～30 天扣盖棚膜。旧棚要进行消毒处理，在 7 月至 9 月高温闷棚 15～20 天，利用太阳能热处理消毒，或每亩施石灰氮 80 千克消毒土壤。

二、适时定植

（一）黄瓜

春季苗长至 2 叶 1 心和夏秋季苗长至 1 叶 1 心时适时定植。2 月至 3 月，定植于大棚或中棚内；夏秋季适宜露地栽培，可直播。

（二）苦瓜

3 月须利用保护设施定植，4 月至 7 月可露地定植。

（三）冬瓜

植株 2 叶 1 心时即可定植，时间在 3 月中下旬至 4 月上旬。

（四）丝瓜

春季苗长至 2 叶 1 心和秋季苗长至 1 叶 1 心时即可定植。

（五）西葫芦

当苗长至 2 叶 1 心时及时在晴天上午定植。

三、合理密植

（一）黄瓜

每厢栽 2 行，株距 30 厘米，每亩栽 3200～3500 株。

（二）苦瓜

早熟棚架每亩栽 200 株，晚熟棚架每亩栽 70～80 株；人字架或吊蔓栽培，常规每亩栽 1000～1500 株。早熟品种栽培宜密，中晚熟品种栽培宜稀。

（三）冬瓜

每厢栽 2 行，株距 1～1.2 米，每亩栽 700～800 株。

（四）丝瓜

早熟栽培的应适当密植，每厢栽 2 行，株距 70～80 厘米，每亩栽 1000～1200 株。春季露地栽培的和夏秋季栽培的，每厢栽 2 行，株距 1～1.2 米，搭人字架栽培，每亩栽 700～900 株。夏秋季栽培的还可以定植于大棚早春菜的大棚外面，株距 50～60 厘米，每亩栽 330 株左右。

（五）西葫芦

每厢栽 2 行，株距 50 厘米。每窝栽 1 株，每亩栽 1500～1600 株。

四、田间管理

（一）水肥管理

1. 黄瓜

黄瓜是喜肥作物，追肥应遵循前轻后重、少量多次的原则。催瓜肥在根瓜坐住后追施，盛瓜肥在根瓜采收后追施，于第一次采摘黄瓜后每 7～10 天追施一次，每次每亩施高钾型复合（混）肥 20～25 千克。由于黄瓜根系分布较浅，瓜叶面积大，需水量较大，要注意经常浇水，保持土壤湿润，满足黄瓜生长发育需要。定植后 5～7 天浇缓苗水；坐瓜前控水、中耕、蹲苗；根瓜长到 10～12 厘米时浇催瓜水；结果期每 5～7 天浇一次水。

2. 苦瓜

定植缓苗后，用 0.5% 尿素溶液追肥，有利于提苗。根瓜坐住后浇一次透水，以后根据天气和植株长势每5~10天浇一次水，结瓜盛期加大肥水量，生产上应通过地面覆盖、通风排湿、温度调控等措施降低空气湿度，保持土壤湿润，及时排除积水。苦瓜结果量大，采收期长，需肥量也大。从结果初期开始，一般每5~7天每亩施三元复合（混）肥10千克。

3. 冬瓜

冬瓜生育期长，产量高，对肥料需求量大，耐肥力很强。苗期薄施1~2次提苗肥，结合补水施0.5%尿素溶液，重点追肥应从引蔓上棚至结瓜后，瓜重达2~3千克时进行追肥，追施2~3次，每次每亩追施三元复合（混）肥20~25千克。在水分管理上，以保持土壤湿润为宜，天干注意补水，雨天注意排湿，补水时切忌漫灌。

4. 丝瓜

在施足基肥的基础上，第一次在定植缓苗后每亩追施尿素5~6千克。开花期适当控制肥水，防止生长过旺，影响坐果。开始坐果后进行第二次追肥，每亩追施三元复合（混）肥10~15千克，促进果实膨大。第一茬瓜采收后，视长势可少量追肥。每次追肥都应适量浇水，在整个生长期间，田间保持湿润，但不能积水。保持充足的水分是高产的关键，要勤浇水、勤施肥。

5. 西葫芦

当西葫芦长到4~5片真叶时开始追肥，宜在晴天上午进行。第一雌花开花前3~5天控水控肥，促进坐瓜。当根瓜坐住并长至10厘米时，可结合追肥浇一次膨瓜水。第一次采摘西葫芦后每7~10天追施一次肥，每次每亩施三元复合（混）肥10~15千克。

（二）搭架引蔓

1. 黄瓜

当苗长到40厘米左右时搭设人字架，搭架后及时引蔓，宜在晴天下午进行。设施大棚内不便于搭竹架，可采取吊蔓栽培。每株悬挂一根吊绳，把吊绳上端挂在栽培行上方的铁丝上，下端轻轻绕在植株茎基部。瓜蔓攀缘向上生长，以后每隔几天绕蔓1次。当主蔓接近顶部时开始落蔓，使瓜蔓基部盘绕在地面上。每隔一段时间落蔓1次，适宜在下午操作，防止茎蔓折断。

2. 苦瓜

当苗长到50厘米左右时开始理蔓上架。早熟品种可用人字架、大棚栽培吊蔓，中晚熟品种搭棚架，棚架搭好后将瓜蔓小心理到棚上。理蔓完成后应及时喷药防病，可喷75%百菌清可湿性粉剂1000倍液或70%甲基硫菌灵可湿性粉剂800倍液，复配磷酸二氢钾800倍液。

3. 冬瓜

当苗长到 50 厘米左右时，采用人字架，及时插竹搭架引蔓，搭架高度以 1.5 米为宜，上加一条较粗的横梁连贯固定支架。引蔓时根据畦的方向定向把蔓引向竹架，这样做有利于结瓜后瓜叶遮挡太阳斜照，防止灼伤冬瓜。

4. 丝瓜

当苗长到 50 厘米时，要及时绑蔓、引蔓上架。

5. 西葫芦

当苗长到 30 厘米时，搭设人字架，每株插 1 根竹竿，将植株茎部用细绳绑在竹竿上，以利于通风透光，减少病虫害。

（三）植株调整

1. 黄瓜

摘除所有侧蔓和卷须，只保留主蔓结瓜。

2. 苦瓜

及时整枝打杈，加强通风，中耕除草，摘除枯、黄、病叶。侧枝发生时应酌情处理，从基部算起，1 米以下的侧蔓全部摘除，只留一根主蔓上架。到了中后期，满架的枝蔓挂果极多，此时要及时摘除过分密闭和细弱的侧枝以及黄、病叶，以利于通风透光，减少病虫害，延缓植株衰老。

3. 冬瓜

通过除侧蔓、摘心、放蔓等环节管理，使冬瓜枝、蔓、叶、果合理分布，既有利于集中养分供应冬瓜果实生长，又有利于通风、适度遮阴透光，促进苗期生长。冬瓜整个生育期只保留主蔓，有侧蔓萌发要及时摘除。一般一株保留 1 个果实，最多不超过 2 个，生产上保留主蔓低节位的果实，其瓜形均匀，产量高，成熟期适中，摘除其他的果实。摘心：定瓜后，在定瓜节位上 9～10 节处摘心，保留适量（18～20 片）绿叶，后期反复摘心。放蔓：定瓜后放蔓，使冬瓜保持距离地面 50～70 厘米高度，并理顺瓜以下枝蔓于土埂上，防止冬瓜叶片重叠。

4. 丝瓜

早熟栽培应及时打去侧蔓，以主蔓结瓜为主。春季露地栽培的和夏秋季栽培的一般主蔓基部 0.5 米以下的侧蔓全部摘除，0.5 米以上的侧蔓在结 2～3 个瓜后摘顶。可适当留下一部分雄花供授粉用，而将多余的雄花花序及早摘除。

5. 西葫芦

修剪过于密集的侧蔓，及时摘除下部老叶和病叶，改善通风透光条件，减少病虫传播源。

（四）保花保果

早春栽培温度低时可人工辅助授粉，一般在早晨摘取当日开放的雄花，去掉花冠，在雌花柱头上轻轻涂抹。也可采用生长调节剂保花保果，黄瓜可在雌花开放当天或前一天用 0.1‰ 氯吡脲可溶液剂稀释 100~150 倍均匀浸瓜胎（雌花蕾）1 次，每朵雌花只处理 1 次，应在阴天或晴天早晚使用，严禁高温烈日用药，施后遇雨应补施。

五、病虫害防治

瓜类蔬菜主要病虫害有猝倒病、立枯病、霜霉病、炭疽病、病毒病、灰霉病、枯萎病、细菌性角斑病、根腐病、白粉病、蚜虫、瓜实蝇、茶黄螨、红蜘蛛、黄蓟马、白粉虱、烟粉虱、斑潜蝇、根结线虫等。防治方法参见第四章中的蔬菜病虫害综合防治。

六、及时采收

及时摘除畸形瓜，及早采收根瓜，按商品瓜标准采收上市，采瓜时注意不要擦伤，减少损失。

（一）黄瓜

幼瓜充分膨大达到商品性后须及时采收，否则老瓜会导致后期雌花成瓜率低、坠秧和植株早衰。

（二）苦瓜

采收标准为果实上的瘤状粒突起比较饱满，尖端平滑，色泽好。

（三）冬瓜

一般采收时间在 6 月中下旬至 7 月，瓜长到 6~8 千克，瓜开始上粉后 15 日。

（四）丝瓜

早熟栽培的一般开花后 10~13 天，春季露地栽培的和夏秋季栽培的在开花后 7~10 天，丝瓜果实长到品种长度时，瓜蒂光滑，茸毛减少，果皮柔软无光滑感，及时采收。

（五）西葫芦

以嫩食为主，开花后 10~12 天，当西葫芦长到 0.2 千克左右时及时采收。基部瓜宜早采收。

第十一章　豆类蔬菜生产技术

第一节　主要类别及品种

成都市豆类蔬菜主要有豇豆和菜豆，应选择优质、抗病、丰产且符合目标市场需求的品种。

一、豇豆

春提早栽培选择成豇 3 号、成豇 4 号、成豇 7 号、之豇特早 30、之豇 28-2 等早熟品种，春播夏收栽培选择成豇 1 号、之豇 28-2、之豇 84、高产 4 号等品种，夏播秋收栽培选择成豇 1 号、成豇 3 号、春秋红、秋豇 512、种都挂面 2 号等品种。

二、菜豆

如红花白荚四季豆、红花青荚四季豆、科兴 1 号菜豆、精品超级架豆王等品种。

第二节　生产茬口

一、豇豆

成都地区春季栽培一般于 3 月初地膜覆盖育苗移栽或直播，有保护设施的春提早栽培可于 2 月中旬播种；夏播秋收则于 6 月至 7 月直播或育苗移栽。

二、菜豆

主要在春、秋两季栽培。春季栽培于 2 月下旬至 3 月中旬地膜覆盖育苗移栽或直播，有保护设施的春提早栽培可于 2 月中旬播种；秋季栽培于 7 月下旬至 8 月中旬育苗移栽或直播。

第三节　生产管理

一、整地施肥

（一）地块选择

选择土层深厚、排水良好、保水保肥且 2~3 年未种过豆类蔬菜的地块。

（二）开沟作厢

定植前深翻土壤，炕土 7~10 天，耕翻深度 25~30 厘米，通过土壤翻耕整细，将肥、药、土混拌均匀。采用深沟高厢栽培，以利于排水防雨。厢宽（包沟）1.3~1.4 米，沟深 0.2 米。

（三）施用底肥

1. 豇豆

每亩施腐熟农家肥 1000~2000 千克或商品有机肥 300~500 千克，同时施入三元复合（混）肥 30~40 千克或尿素 10~12 千克、过磷酸钙 35~50 千克、硫酸钾 10~15 千克。

2. 菜豆

每亩施腐熟农家肥 1000~1500 千克或商品有机肥 300~400 千克，同时施入三元复合（混）肥 30 千克或尿素 10 千克、过磷酸钙 35~50 千克、硫酸钾 10~15 千克。

（四）设施栽培

因成都市早春温度偏低且春末夏初气温回升快，春早熟品种一般采用地膜覆盖露地栽培，少数在棚室内栽培。秋延后栽培提倡遮阳网覆盖栽培。在定植前，将保护设施密闭，每亩用 45% 百菌清烟雾剂 250 克熏蒸，或用 75% 百菌清 500 倍液对地面、立柱等处均匀喷雾。

二、适时定植

在幼苗有 2~3 片真叶时即可定植。

三、合理密植

(一) 豇豆

每厢栽 2 行，株距 30 厘米，行距 60~70 厘米。采用育苗移栽法，每窝栽 3 株苗；采用直播栽培法，每窝放置 3~4 粒种子，留选 2~3 株壮苗。

(二) 菜豆

每厢栽 2 行，一般按株距 30~35 厘米、行距 60~70 厘米挖窝，窝距离厢面边缘 15 厘米。采用育苗移栽法，每窝栽 3 株苗；采用直播栽培法，每窝放置 3~4 粒种子，留选 2~3 株壮苗。

四、田间管理

(一) 温度管理

春季栽培前期温度偏低，在生长前期可用小拱棚覆盖栽培，随气温升高逐渐加大通风量，在插支架前揭去薄膜。

(二) 水肥管理

1. 豇豆

一般在现蕾开花前不施肥，根据天气情况适当浇水。开花结荚时，及时施用肥水，保持厢面湿润，但田间不能积水。进入花期后进行追肥，每采收两次豆荚追肥 1 次，每亩追施尿素 5~10 千克、硫酸钾 5~8 千克或三元复合（混）肥 8~10 千克，在第一个采收高峰过后可重施 1 次翻花肥以促使其翻花。整个生长期追肥应遵循先淡后浓的原则，在生长盛期不可缺水缺肥，以免造成落花落荚。生长盛期还可用 0.1%~0.2% 尿素和磷酸二氢钾叶面喷施 2~3 次，以促进侧枝和新花芽的发育。初花期还可用 0.1% 硼肥溶液喷施，每半月一次，共 1~2 次。

2. 菜豆

遵循"花前少施，花后多施，结荚期重施"的原则。春季栽培，生长前期在不缺肥水的情况下以不灌为宜。开花至采收期一般追 2 次肥水，结合浇水每亩施三元复合（混）肥 8~10 千克。整个结荚采收期均应随时补充肥水，以保持土壤湿润。

（三）整枝搭架

1. 豇豆

第一花序以下的侧枝应尽早摘去。第一花序以上的侧枝留 2~3 片叶摘心。主蔓爬顶后及时摘心，促进侧枝花芽形成。蔓叶过旺时应摘去部分叶片，保证通风透光。豇豆抽蔓时应及时用细竹竿插架，一般采用人字架或牌坊架。引蔓宜在晴天下午进行，雨后不宜搭架。

2. 菜豆

在苗高 0.15~0.2 米时即可搭建人字架，引蔓上架。每株一根，高度以 2~2.5 米为宜。搭架后要及时将蔓绕在架上。

五、病虫害防治

豆类蔬菜主要病虫害有猝倒病、立枯病、枯萎病、根腐病、白粉病、炭疽病、病毒病、锈病、蚜虫、红蜘蛛、斑潜蝇、豆荚螟等。防治方法参见第四章中的蔬菜病虫害综合防治。

六、及时采收

开花后 10 天左右，豆荚符合市场要求时及时采收，避免采收太早或偏迟而影响产量或品质。盛花期每 1~2 天采收一次。采收时不能损伤同一花序的其他花蕾。采收所用工具应清洁、卫生、无污染。

第十二章　葱蒜类蔬菜生产技术

第一节　主要类别及品种

成都市葱蒜类蔬菜主要有韭菜、大葱和大蒜，应选择优质、抗病、丰产且符合目标市场需求的品种。

一、韭菜

如西（犀）蒲韭、马蔺韭等品种。

二、大葱

如章丘大葱、日本铁杆等品种。

三、大蒜

特早熟品种如云顶早、正月早、成蒜早 2 号、成蒜早 3 号、雨水早、二季早、二水早等，以及中晚熟品种如红七星、彭县迟蒜、软叶子等。

第二节　生产茬口

一、韭菜

春、秋季都可播种。一般春季播种期为 3 月下旬至 4 月上旬。秋季播种期为 9 月至 10 月。

二、大葱

春季栽培的宜于 3 月中旬至 4 月上旬播种，秋季栽培的宜于 9 月中旬至 10 月上旬播种。

三、大蒜

作蒜头、蒜薹栽培的一般于 9 月中下旬至 10 月上旬播种，作早熟蒜薹栽培的可提前到 8 月初播种。作蒜苗栽培的于 7 月至 11 月播种：提早播种反季节栽培蒜苗的可于 7 月播种，正季栽培蒜苗的于 8 月下旬至 9 月中旬播种，延后播种反季节栽培蒜苗的于 10 月至 11 月播种。

第三节　生产管理

一、整地施肥

（一）地块选择

宜选择肥沃、土层深厚、排灌方便的土壤，并与非百合科蔬菜实行 2～3 年轮作。

（二）开沟作厢

定植前深翻土地 25～30 厘米，炕土 7～10 天，精耕细作，深沟高厢，厢面平整。

1. 韭菜

按 80 厘米的间隔开沟，沟深 20～25 厘米，将土埂扶直扶平，再从两侧把土埂拍平拍实，最后把沟底整细推平。

2. 大葱

整地后按照沟距 70～80 厘米的规格开沟起厢，要求沟深 20～25 厘米，沟底宽 6 厘米左右。

3. 大蒜

厢宽（包沟）3～4 米，沟宽 40 厘米，沟深 30 厘米。

（三）施用底肥

1. 韭菜

每亩施腐熟农家肥 2000～3000 千克或商品有机肥 500～700 千克，同时施入三元复合（混）肥 30～40 千克或尿素 10～12 千克、过磷酸钙 30～40 千克、硫酸钾 8～10 千克。

2. 大葱

每亩施腐熟农家肥 2000～3000 千克或商品有机肥 500～700 千克，同时施入三元复合（混）肥 40～50 千克或尿素 12～15 千克、过磷酸钙 40～50 千克、硫酸钾 10～12 千克。

3. 大蒜

每亩施腐熟农家肥 1500～2500 千克或商品有机肥 400～600 千克，同时施入三元复合（混）肥 40～50 千克或尿素 10～15 千克、过磷酸钙 40～50 千克、硫酸钾 10～15 千克。

二、适时定植

（一）韭菜

秋播韭菜定植期为次年 3 月至 4 月，春播韭菜定植期为 6 月至 7 月，定植苗高 17～20 厘米。定植前将苗掘起，并将须根先端剪去，留 2～3 厘米，再将叶子先端剪去一段。

（二）大葱

春季栽培的大葱苗龄 50 天左右移栽，秋季栽培的大葱苗龄 90 天左右移栽。

（三）大蒜

栽培采用直播，不进行定植。每亩播种 100～200 千克，早熟品种大蒜用种量小，中晚熟品种大蒜用种量大；蒜薹、蒜头栽培用种量小，蒜苗栽培用种量大。

三、合理密植

（一）韭菜

一般每亩栽 6 万～8 万株，窝距 6～7 厘米，每窝 5～6 株苗，行距 80 厘米，栽植深度以分蘖节（即叶梢与叶身发杈处）不埋入土为宜。栽后浇定根水。

（二）大葱

将葱苗按 2～3 厘米间距竖列靠于沟的一侧，每亩栽 1.6 万～2 万株，葱叶平靠沟壁，再就地培土，培土以不埋心叶为宜，并压实培土。培土后随沟浇定根水，以浇透为宜，不可大水浸灌。

（三）大蒜

蒜薹、蒜头栽培的一般行距 16～20 厘米，株距 6～8 厘米。早熟品种或小蒜瓣行距 16～17 厘米，株距 6～7 厘米；中晚熟品种或大蒜瓣行距 18～20 厘米，株距 7～8 厘米。作蒜苗栽培时，播种密度加大，行距 10～15 厘米，株距 4～6 厘米。也有 6～8 厘米见方播种的，大蒜瓣株行距加大，小蒜瓣株行距减小。

四、田间管理

（一）水肥管理

1. 韭菜

整个生长期施肥以氮肥为主，适当配合磷钾肥。缓苗后结合中耕除草追肥一次，以后每隔 15～20 天追肥一次。追肥先淡后浓，每次每亩施三元复合（混）肥 10～20 千克，每收割一次青韭追肥一次。一般结合追肥进行培土、浇水，雨天注意排水。

2. 大葱

大葱喜肥，应着重加强肥水供应和培土操作。移栽后根据葱的长势和生长时期适时追肥培土，一般追肥培土 3～4 次即可。追肥以三元复合（混）肥为宜，每次每亩可追施 25 千克。培土以不埋心叶为宜，追肥时需离根部 10 厘米，以防肥害。

3. 大蒜

在幼苗长出 3～4 片真叶时，每亩结合浇水追施尿素 3～5 千克或高氮型复合（混）肥 10～20 千克，并拔除杂草。一般灌 2 次水，第一次在立春前后，第二次在有 30% 大蒜抽薹时灌薹期水。两次浇水可根据当时苗情长势，每亩施尿素 5～10 千克和硫酸钾 5～10 千克。蒜薹采收完后，若土壤过干，要灌一次跑马水，以保持土壤湿润。蒜头采收前 5～7 天停止浇水。

（二）其他管理

1. 韭菜软化栽培

（1）割叶。

挑选健壮、无病虫害、无缺苗断垄的青韭作软化栽培。当青韭长到50厘米时施第一次肥，每亩用三元复合（混）肥30~60千克干施，同时进行第一次培土，春秋季培土到"叉口"处，夏季培土到"叉口"以下3厘米处，冬季培土应高于"叉口"；当叶梢又长出3~6厘米时（离第一次施肥70~90天）进行第二次施肥培土，施肥种类及施肥量与第一次相同，此后可转入黄化处理，也可进行第三次培土（不再施肥）再进行黄化处理。经过2~3次追肥培土后，将韭叶割下。韭叶割取的长度依季节而定，冬季割口低于"叉口"1厘米，夏季割口高于"叉口"1厘米，春秋季割口与"叉口"齐平，割下韭叶后整理韭菜桩，清除残留的枯黄叶片。

（2）黄化处理。

放置遮光棚或黑膜，遮光棚不能透光，也不能漏雨，但又要从底部有一定的通风量，放置时要使底部有一定的空隙。遮光棚接头处要重叠10厘米，将整行的棚两端用稻草或其他物品堵住，春、秋两季需要遮光15~20天，夏季需要遮光12~15天，冬季需要遮光25~30天。

2. 韭菜收割后的管理

每次收割后，待2~5天韭菜伤口愈合、新叶快长出时进行浇水追肥，每亩施尿素10~12千克、三元复合（混）肥8~10千克并进行培土。等本茬青韭生长良好，鳞茎内贮积足够养分，再次进行韭黄生产。

3. 大蒜提早播种反季节栽培

作早蒜薹和早蒜苗提早播种反季节栽培的，一方面，播种前1个月需对蒜种进行打破休眠处理，方可提前到7月播种，方法是将大蒜种置于山洞、窑洞、防空洞、水井或冷库、冰箱（柜）等冷凉、低温条件处理20~50天；另一方面，要搭遮阳网或与能遮阴的作物套作营造良好的冷凉条件，还要在干旱时勤浇水，保持土壤湿润，连续降雨时及时排水，防止蒜种因积水而霉烂。

五、病虫害防治

韭菜主要病虫害有疫病、灰霉病、蚜虫、韭菜迟眼蕈蚊（幼虫称为韭蛆）、韭菜蓟马等；大葱主要病虫害有霜霉病、灰霉病、紫斑病、白腐病、锈病、软腐病、病毒病、葱蓟马、甜菜夜蛾、葱蝇等；大蒜主要病虫害有叶枯病、叶疫病、紫斑病、白腐病、病毒病、蚜虫、蒜蛆（又称根蛆）、根结线虫等。防治方法参见第四章中的蔬菜病虫害综合防治。

六、及时采收

采收所用工具应清洁、卫生、无污染。

（一）韭菜（青韭、韭黄）和大葱

根据市场需求和蔬菜的自然商品成熟度及时采收（收割）。

（二）大蒜（蒜苗、蒜薹和蒜头）

蒜苗分批采收；蒜薹一般在伸出中鞘 15～20 厘米，蒜薹尖弯曲时，于晴天下午及时采收；作加工用的蒜头在蒜薹收获 15 天左右采收，作干蒜用的蒜头在叶片枯黄时采收。

第十三章　根菜类和薯芋类蔬菜生产技术

第一节　主要类别及品种

成都市根菜类和薯芋类蔬菜主要有萝卜、生姜和地瓜（学名豆薯），应选择抗逆性强、优质、丰产和商品性好的品种。

一、萝卜

春萝卜宜选择春不老圆根萝卜、小缨子枇杷叶萝卜、特新白玉春、早光、白光、玉龙春等品种；夏秋萝卜宜选择枇杷缨满身红萝卜、花缨子萝卜、小缨子枇杷叶萝卜、荆条萝卜、白玉夏、夏抗、60 早等品种；冬萝卜宜选择中晚熟品种，如春不老圆根萝卜、青头萝卜、特新白玉春、玄武萝卜等品种；四季萝卜宜选择耐热力强、生长期短、肉质根小的品种，如枇杷缨满身红萝卜等。

二、生姜

生姜栽培采用老熟地下根状茎（种姜）进行无性繁殖。可选择竹根姜、二黄姜、小黄姜、南姜、白口姜等优良地方品种。

三、地瓜

主要有黄板子、红子、青子、粉红子、白毛子等品种。

第二节　生产茬口

一、萝卜

春萝卜一般于晚秋初冬播种，次年 2 月至 3 月收获；夏秋萝卜一般于 7 月至 8 月播种，9 月至 11 月收获；冬萝卜一般于 8 月至 9 月中旬播种，11 月至次年 2 月收获；四季萝卜一年四季均可栽培，以春季、夏季栽培为主。

二、生姜

采用小拱棚套地膜覆盖或大中棚套地膜覆盖栽培的，一般可于 3 月初直播；采用地膜覆盖栽培的，可于 3 月中下旬直播；采用露地栽培的，可于 4 月中下旬直播。

三、地瓜

一般地膜覆盖栽培的播种期为 3 月中上旬，露地栽培的播种期为 4 月初。

第三节　生产管理

一、整地施肥

（一）地块选择

选择土层深厚、有机质丰富、保水保肥、排灌方便的沙壤土或壤土地块，并与非同科蔬菜实行 2~3 年轮作。地瓜适宜种植在微酸性土壤中。生姜不能种植在近 2~3 年发生过姜瘟的地块上。

（二）开沟作厢

对土壤进行深翻，炕土 7~10 天，并耙平整细。

1. 萝卜

视田块具体情况和种植习惯作平厢或窄厢，厢沟深 20~25 厘米，宽 30 厘米左右。

2. 生姜

生姜于栽前整地作厢、理出条沟，厢宽（包沟）80 厘米，沟宽 25 厘米，沟深 20 厘米。

3. 地瓜

净作地一般按 1.3 米开厢。

（三）施用底肥

1. 萝卜

每亩施腐熟农家肥 2000～3000 千克或商品有机肥 500～700 千克，同时施入三元复合（混）肥 40～50 千克或尿素 12～15 千克、过磷酸钙 40～50 千克、硫酸钾 15～20 千克。对于出现硼元素缺乏的地块，可在播种前每亩基施硼砂 1 千克。

2. 生姜

每亩施腐熟农家肥 2500～3000 千克或商品有机肥 600～700 千克，同时施入三元复合（混）肥 40～50 千克或尿素 10～12 千克、过磷酸钙 25～30 千克、硫酸钾 15～20 千克。

3. 地瓜

每亩施腐熟农家肥 2000～2500 千克或商品有机肥 500～600 千克，同时施入三元复合（混）肥 40～50 千克或尿素 10～15 千克、过磷酸钙 40～50 千克、硫酸钾 25～35 千克。

二、播种方法

（一）种子处理

1. 萝卜

多采用干籽播种，播前用 0.1％高锰酸钾溶液浸种 10～15 分钟。

2. 生姜

种姜于播种或催芽前用 50％多菌灵可湿性粉剂 800 倍液浸种 5 分钟进行消毒，晾干催芽。肉质变色、有水渍状、表皮脱落的种姜已感染病菌，应予淘汰。温床维持在 20℃～25℃，并保持湿润，进行催芽，一般经 20～30 天，芽头微露时及时栽植。

3. 地瓜

先用 0.1％高锰酸钾溶液浸种 10～15 分钟，然后用温水清洗后浸种 5～6 小时，在 25℃～28℃下催芽 5 天（也可用干籽播种）。

（二）播种方式

1. 萝卜

实行直播，一般采用点播，播后覆土约2厘米。

2. 生姜

实行直播，一般采用条沟排栽，播种时种姜芽向上依次并好后，再用细土盖在姜种上，厚度约7厘米。实行保护地栽培的，盖好地膜和棚膜。

3. 地瓜

实行直播，播后盖细土，并浇清水。

（三）播种密度

1. 萝卜

冬作栽培密度为行距30~35厘米，株距30~33厘米；秋作栽培密度为行距20~25厘米，株距16~20厘米。每穴播种3~5粒，每亩用种量300~500克。

2. 生姜

株距23~27厘米，行距33厘米左右，一般每亩用种姜200~250千克。

3. 地瓜

每厢栽3行，行距43厘米，窝距25厘米，每亩栽6000~7000窝，每窝播种2~3粒，每亩用种量1.5~2千克。

三、田间管理

（一）水肥管理

1. 萝卜

一般追肥2次。第一次追肥在间苗后进行，每亩用尿素8~10千克；第二次追肥在肉质根迅速膨大时进行，每亩用三元复合（混）肥25~30千克。萝卜生长过程中容易缺硼，可在生长中后期叶面喷施0.2%硼酸或硼砂溶液2~3次，同时叶面喷施0.2%磷酸二氢钾溶液2~3次，以提高萝卜产量和品质。幼苗期结合间苗追肥进行浇水；肉质根膨大初期，浇水不宜多；肉质根膨大时，浇水应充足而均匀；采前半个月，应停止浇水；如遇连绵阴雨，应注意排水。

2. 生姜

应多次追肥，一般在苗高15~20厘米时开始施肥，每亩用尿素6~7千克；幼苗6叶期后，结合培土每亩施高钾型复合（混）肥20千克；植株12叶期后，结合培土每亩施高钾型复合（混）肥20千克。灌溉和排水要适时进行：栽种后到出苗前，土面干燥时应浇水；出苗后到收获前，土壤不能干旱，尤其是进入旺盛生长期后，若气候干旱，应及时浇水。气温较高时宜在傍晚土壤退热后浇水。

3. 地瓜

苗高 10 厘米左右，每亩追施尿素 5~6 千克；块根膨大期，结合培土每亩追施高钾型复合（混）肥 20~25 千克。地瓜苗期适当浇水；块根膨大期及时浇水，保持土壤湿润。

（二）间苗、定苗

萝卜间苗 1~2 次，3~5 片叶时间苗，每窝留 2~3 株壮苗；6~7 片叶时定苗，每窝留 1 株壮苗。间苗、定苗时拔除杂株、病株。地瓜在 2 叶 1 心时匀苗，每窝留 1 株壮苗。

（三）中耕培土

生姜结合施肥、中耕除草进行培土。以收嫩姜为主的，培土应深一些，整个生长期培土约 3 次。

（四）整枝

地瓜苗高 1 米时摘心（断尖）并除掉所有侧芽，只留一个主枝。

四、病虫害防治

萝卜主要病虫害有黑腐病、病毒病、蚜虫、红蜘蛛等；生姜主要病虫害有姜瘟病、炭疽病、姜螟（又称玉米螟）等；地瓜主要病虫害有病毒病、红蜘蛛等。防治方法参见第四章中的蔬菜病虫害综合防治。

五、及时采收

采收所用工具应清洁、卫生、无污染。

（一）萝卜

根据肉质根自然成熟度及时采收。

（二）生姜

根据目标市场需求及时分批采收。

（三）地瓜

根据市场需要，从 8 月上旬开始，分期分批采收，可从 8 月上旬采收至 10 月上旬。

第十四章　水生蔬菜生产技术

第一节　主要类别及品种

　　成都市水生蔬菜主要是莲藕，占全市水生蔬菜播种面积的90%以上。莲藕品种选择应注意三个方面：一是根据上市时间合理选择生育期不同的品种，需要早上市的农户可选择早熟品种，依此类推；二是尽量选择入土浅的品种，以减轻挖藕难度；三是根据四川消费者的口味合理搭配不同淀粉含量的品种，淀粉含量低的品种适宜炒食，淀粉含量高的品种适宜炖食。可选择鄂莲5号、鄂莲6号、鄂莲7号（又称珍珠藕）、新一号等品种。

第二节　生产茬口

　　莲藕实行定植栽培，定植时间一般在3月下旬至4月中旬。如果采用塑料大棚覆盖栽培，定植期可以相应提早15~20天。

第三节　生产管理

一、整地施肥

（一）田块选择

应选择避风、向阳、土质疏松肥沃、富含有机质（含量在1.5%以上，若达到3%~4%最好）、pH值为6.5~7.5、保水保肥能力强、灌溉和排水都比较方便的田块进行莲藕栽植。要求水源充足、地势平坦、排灌便利，能够常年保持 5~30 厘米水深，水深不要超过 1 米。

（二）整地作厢

一般在大田定植前 15 天左右整地，耕翻深度以 25~30 厘米为宜。整地时要求清除杂草，做到泥面平整、泥层松软。

（三）施用底肥

每亩基肥施腐熟农家肥 2000 千克、磷酸二铵 60 千克及复合微生物肥料 180 千克。也可以每亩施三元复合（混）肥 25 千克、腐熟饼肥 50 千克及尿素 20 千克。第一年种植莲藕的田块，或者种植莲藕三年以上的田块，可以每亩施生石灰 50~100 千克。

二、定植方法

（一）种苗准备

选择藕芽健壮、有 2~3 节、重量在 0.5 千克以上的主藕作种藕，或者选用大的子藕作种藕。种藕挖起后尽量早栽，每亩用种量为 300~400 千克。栽前用 70% 甲基硫菌灵可湿性粉剂 800 倍液对种藕进行喷雾，堆闷 24 小时，药液基本干后再进行定植。

（二）定植密度

要求均匀定植、适宜深度、藕芽朝内。一般栽培的行距 1.2~1.5 米，窝距 1~1.2 米；早熟栽培的行距 2~2.5 米，窝距 1.5~2 米。采用设施覆盖栽培，属于早熟栽培的范畴。一般情况下，若是早熟栽培田块，每亩田的种藕用量以 250~300 千克为宜；若是中晚熟栽培田块，每亩田的种藕用量以 250 千克为宜。

（三）定植要求

莲藕采用定植方式栽培，定植深度以藕头入泥 5~10 厘米为宜，藕头以约 20°角斜插入泥。对于田块四周边缘的定植穴，要求所有藕支的藕头朝向田块内。

三、田间管理

（一）水肥管理

莲藕整个生长季节内都应保持一定的水深，但不同时期要求有所不同。一

135

般 10~30 厘米水深都可以，早期气温较低时，水深应该适当浅一些；夏季高温季节，水深应该适当深一些。在冬季气温较低的地方，莲藕留地越冬时，应适当灌深水，防止冻害。

肥料方面，在重施基肥的基础上，定植后第 25~30 天和第 55~60 天分别进行第一次和第二次追肥，每次每亩追施腐熟农家肥 1500 千克，或者三元复合（混）肥 20 千克加尿素 15 千克。以采收老熟的枯荷藕为目的时，于定植后第 75~80 天进行第三次追肥，每亩施尿素和硫酸钾各 10 千克。在施肥过程中，应尽量避免将肥料撒落在叶片上。

（二）田间除草

定植前，结合整地耕翻，做好田园清洁，清除田间杂草。定植后至封行前，提倡人工及时拔除杂草。藕田在封行以后，杂草的危害就自然受到抑制。发生水绵时，可以在晴天用硫酸铜溶液浇泼，每 7 天一次，共 2~3 次。硫酸铜用量根据水深而定，每亩田按每 10 厘米水深 0.5 千克硫酸铜的用量计算。在藕田使用除草剂时一定要谨慎：一是严格按照使用说明书的要求操作；二是先小面积试用，观察 3~5 天后再确定是否大面积使用。

四、病虫害防治

莲藕主要病虫害有腐败病、褐斑病、斜纹夜蛾、莲缢管蚜、克氏原螯虾（小龙虾）、食根金花虫、福寿螺等。

（一）农业防治

选用抗病品种，栽植无病种藕；莲藕有腐败病等多种病害，建议与非同类作物轮作，以减轻病害发生；冬季冻垡；清洁田园，加强除草，减少病虫源，如清除田间和田边的眼子菜、鸭舌草等杂草，可以减少食根金花虫的危害。每亩用茶籽饼 20 千克，捣碎后浸泡 24 小时，连渣带汁浇泼，对食根金花虫和福寿螺的防治有良好效果。

（二）物理防治

采用杀虫灯诱杀成虫，用糖醋液诱杀成虫；田间设置黄板诱杀有翅蚜；人工捕杀克氏原螯虾和福寿螺；人工摘除斜纹夜蛾卵块或于幼虫未分散前集中捕杀。

（三）生物防治

生物防治包括田间放养黄鳝和泥鳅防治食根金花虫，用苏云金杆菌防治斜纹夜蛾等。例如，每亩用16000IU/毫克苏云金杆菌可湿性粉剂800~1000倍液喷雾，可防治斜纹夜蛾。

（四）化学防治

1. 腐败病

叶片枯萎翻卷，地下根状茎中心腐烂发黑，严重时减产50％以上。种藕定植前用50％多菌灵可湿性粉剂800倍液浸泡1分钟，定植后及时拔除发病株。

2. 褐斑病

叶部病害。每亩用50％多菌灵可湿性粉剂800倍液，或用77％氢氧化铜可湿性粉剂500倍液在病初期喷雾，安全间隔期为20天。

3. 斜纹夜蛾

斜纹夜蛾也称夜盗蛾，主要以幼虫危害叶片。对转移危害的幼虫实行挑治，每亩用2.5％溴氰菊酯乳油1000倍液或25％甲维·茚虫威水分散粒剂3000倍液喷雾，安全间隔期为7天。

4. 蚜虫

每亩用10％吡虫啉可湿性粉剂1500~2500倍液喷雾防治，或每亩用50％抗蚜威可湿性粉剂3000倍液喷雾防治，安全间隔期为10天。

5. 食根金花虫

食根金花虫也称地蛆、根蛆，幼虫类似于蝇蛆，蛀食莲藕根系、地下根状茎和莲藕产品，影响莲藕产品外观。每亩用5％辛硫磷颗粒剂3千克加入50千克细土拌匀，施入莲藕植株根际。

6. 福寿螺

福寿螺又称大瓶螺，集中产卵，块状，红色，容易识别。每亩撒施6％四聚乙醛颗粒剂500~600克。

五、及时采收

以主藕形成3~4个膨大节间时开始采收青荷藕为宜，时间为定植后100~110天。叶片（荷叶）开始枯黄时采收老熟枯荷藕。采收时应保持藕支完整、无明显伤痕。早熟品种、晚熟品种产品均可留地贮存，分期采收至次年4月。

第十五章　蔬菜采后处理和贮藏保鲜

第一节　蔬菜采后处理

蔬菜采后处理就是为保持蔬菜品质，并使其成为优质农产品而进行的一系列处理。采后处理主要包括采收、整理、清洗、分级、包装、预冷、运输、销售等环节。根据蔬菜的不同，可以采用全部的技术措施，也可以只选用其中的几项技术措施。蔬菜采后处理有利于减少采后腐耗率，降低运输风险，增加销售收益，延伸蔬菜产业链。

一、采收

采收是蔬菜采后处理的第一步。坚持走标准化采收技术路线是提高采后蔬菜品质、防止感病腐烂、降低贮运损耗、延长贮藏期的重要措施。通常根据不同蔬菜的生物学特性、耐贮性、品种成熟度、采收季节气温、销售地气温、运输条件、货架期长短和消费者需求，选择蔬菜产品的采收时期、采收成熟度和采收方式。

（一）采收时期

蔬菜产品若过早采收，则产量低、风味差、耐贮性差；若过晚采收，则不耐贮运、货架期短、易腐烂。要根据市场需求和蔬菜的自然商品成熟度及时采收。采收时间适宜在早晨至上午露水散尽时。

（二）采收成熟度

一般根据蔬菜产品大小、形状、重量、生长期长短、干物质含量、色泽和质地确定采收成熟度。如茄子、黄瓜，采收时既不可太嫩，也不可太老；过嫩，风味偏淡，容易萎蔫；过老，贮藏时易老化，风味差。又如大白菜，从生长情况看，八成包心程度比包心满的大白菜耐贮。对于生长在地下的一些根茎类蔬菜，如洋葱等，在地上部分枯黄后开始采收为宜，耐贮性强。另外，常温贮运的产品采收成熟度不宜过高。

（三）采收方式

1. 人工采收

目前，成都地区的蔬菜以人工采收为主。人工采收需要手套、刀具、采收篮、周转箱等采收工具，还需要注意采收天气和操作细节，宜选择在晴天的早晚采收，避免在雨天和正午采收，采收动作要轻快，采收频率要适中，采收时注意轻拿轻放，减少机械损伤。

2. 机械采收

果菜类蔬菜采收周期较长，采收机械包括采收番茄、黄瓜、辣椒等作物的机械；叶菜类蔬菜采收难度较大，采收机械主要有采收甘蓝、白菜等作物的机械；根茎类蔬菜采收劳动强度较大，采收机械包括采收胡萝卜、洋葱、萝卜、大蒜等土下蔬菜的机械，有分段作业式和联合作业式两种类型。近年来，彭州、郫都、简阳等地积极开展甘蓝、大蒜、生菜、萝卜、胡萝卜等蔬菜的机械化采收试验示范工作，进一步提升蔬菜采收机械化水平。

二、整理

采后及时将蔬菜产品所带的残叶、泥土、病虫污染叶等清除掉，以减少贮藏中病害的传播源，避免蔬菜大量腐烂损失。有的蔬菜产品还需进一步修整，去除不太好食用的部分。叶菜类蔬菜采收时带的病、残叶很多，有的还带根，通过修整除去过多的外叶和根；根菜类、果菜类蔬菜也应进行整理，如萝卜、胡萝卜等通过修整去掉顶叶和根毛；辣椒、茄子等则要求齐果肩剪平果柄或保留2厘米左右的果柄。随着成都市净菜市场的发展，蔬菜采后修整显得特别重要。

三、清洗

产品在分级和包装前通常要进行清洗，以减少表面泥土污物和病原菌。可以用水冲洗或用压力水喷洗，也可以用手工搓洗或用机械清洗。清洗机械种类较多，主要有刷式连续清洗机、喷射式清洗机、超声波清洗装置、剥皮清洗机。一些大型冷链物流与商品化处理中心建有集分拣去杂、高压喷淋、气泡翻滚、表面干燥、履带传送、水流循环等技术装备为一体的全自动化清洗机械。这种机械操作方便，清洗效率高，每小时处理量可达1吨左右，省时省工，但设备成本投入高。手工搓洗方式，成本投入低，清洗效果好，但耗费人工，清洗效率低。为了减少病原菌的交叉感染，最好采用流动式水池，且在清洗过程中注意用水清洁。根据蔬菜耐寒性不同，采用冰水清洗或冷水清洗，便于除去田间热，清洗时间不宜超过 5 分钟。清洗后通过晾晒风干或机械脱水，去除产品表面水分。

四、分级

依据坚实度、清洁度、鲜嫩度、整齐度、质量、颜色、形状以及有无病虫感染和机械损伤等，蔬菜一般分为一等品、二等品和三等品三个等级（对应好产品、中产品和差产品）。分级方法有人工分级和机械分级两种。人工分级通常采用目测方式，或使用简单的分级板、比色卡等工具。分级操作人员应戴上手套，并注意轻拿轻放，以免造成新的机械损伤。结合分级进一步剔除受病虫侵染、受机械伤害、发育欠佳和外观畸形等不符合商品要求的产品。成都市目前大部分地区采用人工分级，这样做能最大限度地减轻蔬菜机械伤害，但工作效率低。少数商品化生产基地建有自动化机械分级生产线，主要应用大小、重量机械分级机，其他还有光电分级机和机械视觉分级机。

五、包装

（一）包装形式

蔬菜的包装形式有覆膜包装、真空包装、气调包装、热压包装等。其中，真空包装应用十分普遍。真空包装是将包装容器内的空气全部抽出，使微生物失去生存条件，以达到蔬菜保鲜、无病腐发生的目的。

（二）包装材料

按包装层次，包装材料分为外包装材料和内包装材料。一般大中型市场销售的蔬菜产品多数放入泡沫垫内，外加保鲜膜紧缩包装。

1. 外包装材料

外包装材料主要有竹、荆条、木条、塑料、泡沫塑料、硬纸和尼龙等。这些材料经加工后制成各种不同的容器，如竹筐、荆条筐、塑料筐、板条箱、纸箱、泡沫箱、网袋、尼龙编织袋等，用于蔬菜的贮藏和运输，部分也用于市场销售。

2. 内包装材料

内包装材料以塑料薄膜为主，主要有聚乙烯（PE）、聚氯乙烯（PVC）和聚丙烯（PP）等。依据所要贮藏蔬菜的种类、数量、贮藏期等来选用不同类型和厚度的塑料薄膜，确定袋口是否密封。

六、预冷

预冷是指采收的新鲜蔬菜从初始温度迅速降至所需的终点温度，以较好地保持品质的一种采后措施。预冷通过除去田间热、减少呼吸热来降低呼吸强度，延缓后熟过程。采收后预冷越快越好。为了使蔬菜采后迅速降温，最好在产地进行预冷。不同蔬菜所需的预冷温度条件不同，适宜的预冷方法不同，一般在短时间（24 小时）内能完成预冷。预冷后的蔬菜原则上应该在低温状态下运输、销售和流通。

（一）自然降温预冷

将采收后的蔬菜放在阴凉通风处，利用昼夜温差将产品所带的田间热散去。这种方法应用较普遍，适宜所有蔬菜类型，但冷却时间长，冷却效果差，难以达到所需预冷温度，仅在预冷条件缺乏时应用。

（二）冷库预冷

将蔬菜放入冷库，使其尽快降至适宜贮温。冷库温度以该蔬菜贮温为宜，假设蔬菜初始温度为 29℃～30℃，经 24 小时可降至 8℃～10℃，经 32 小时可降至 3℃～5℃。这种方法应用较普遍，冷却效果较好，适用于大部分蔬菜，但冷却时间较长，产品易失水萎蔫。

（三）压差预冷

压差预冷又称强制通风预冷，指采用专用设备在包装箱或堆垛的两个侧面造成空气压差，使适宜的低温冷空气通过蔬菜表面，从而达到快速冷却的效果。这种方法降温效果好，冷却时间短，预冷效果均匀，适用于西兰花、绿叶类等经浸水后品质易受影响的蔬菜，以及茄果类、瓜类、豆类、甘蓝类等大部分常见蔬菜。但这种方法的应用需有一定的专业设备，空气湿度必须在 90％以上，空气必须维持一定的低温，而且要有良好的包装堆码方式，使包装箱两侧形成压差。

（四）冷水预冷

用冷水冲淋产品或将产品浸在 0℃～2℃冷水中进行降温，冷却水可循环使用，但必须加入少量次氯酸盐消毒。这种方法冷却速度快，应用效果较好，成本也低，但存在病原菌交叉感染的风险，适用于需要清洗的蔬菜，多用于果菜类和根菜类蔬菜。

（五）加冰预冷

在包装容器中直接放入冰块使产品降温。目前，应用较多的是在产品上层或中间放入冰袋，与蔬菜一起运输。这种方法预冷成本较低，但预冷效果不均匀，物流成本较高，只能用于与冰接触不会产生伤害的蔬菜，如某些叶类菜、花菜、胡萝卜、竹笋等。因此，加冰预冷只能作为其他预冷方式的辅助措施。

（六）真空预冷

把产品放在可以调节空气压力的密闭容器中，利用产品表面的水分在真空负压下迅速蒸发吸热，从而使蔬菜冷却下来。这种方法冷却效率很高，通常在30分钟内完成冷却，主要适用于表面积比较大的叶菜类蔬菜，对花菜、豆类、葱蒜类等蔬菜也可应用，但对类似甜椒这样的果菜以及根菜等表面积小、组织致密的蔬菜不大适宜。这种方法的应用需有一定的设备，而且价格较贵，目前难以普及。

以菜用豌豆（也称荷兰豆）为例对几种预冷方式的效果进行比较。将菜用豌豆的温度从20℃~25℃冷却至1℃，冷水预冷约20分钟，真空预冷约30分钟，压差预冷约3小时，而冷库预冷在24小时以上。

不同蔬菜的主要预冷方式及参数见表15-1。

表15-1 不同蔬菜的主要预冷方式及参数

蔬菜名称	预冷方式及参数				
	冷库预冷		压差预冷		真空预冷
	冷库温度（℃）	预冷时间（小时）	冷库温度（℃）	预冷时间（小时）	预冷时间（分钟）
大白菜、甘蓝	0	24~36	1	5~7	—
西兰花	0	20~24	1	4~5	20~30
芹菜	0	12~20	1	3~4	20
黄瓜	10	12~20	10	3~4	—
菜豆、甜椒	10	10~12	10	3~4	—
番茄、茄子	10	20~24	10	4~7	—
白萝卜	0	20~24	1	4~6	—
胡萝卜	0	15~20	1	3~4	—

七、运输

采收后的蔬菜主要依靠公路、铁路、水路运输，航空运输速度最快，但航空运输费用高，运量小。在运输途中，应根据不同蔬菜的特性、运输路程的长短、季节与天气变化情况，采取常温、常温＋冰或常温＋保温箱＋冰等运输方式。夏季最好用冷藏车运输，普通货车在运输时要注意防晒、通风。冬季采用保温车或普通货车＋辅助保温措施运输，减少冻害发生。中短途运输一般可采取常温运输方式，也可用保温车＋冰块，控制好温度和湿度，严防日晒雨淋。长途运输或外界气温超过 30℃，一般可以采取冷藏车运输，防止冻害或高温霉烂。装卸车时要防止机械损伤，尽量做到快装、快运、快卸，并注意轻拿轻放。

八、销售

销售是蔬菜流通中的最后一个环节。低温贮藏的蔬菜一旦离开适宜的低温条件，会出现品质劣变普遍加快的现象。在低温下经历的时间越长，出库后货架期越短，要想延长货架期，除用小包装适当密封保湿外，最好根据不同种类蔬菜的适宜贮温要求，放置在相应的低温货架上销售，并适当提高货架湿度，减少人为翻拣伤害。

净菜加工配送指以新鲜蔬菜为原料，经过分级、清洗、去皮、切分、消毒和包装等简单加工后配送给客户群体。近几年，净菜加工配送在国内大中城市发展迅速，特别是在上海、北京。成都市的净菜加工配送也正在发展完善。据文献调查统计，成都市民净菜购买方式主要有超市自选、农贸市场购买和净菜店配送三种，许多连锁商超提供了净菜产品的电话预定和配送上门服务。

第二节　蔬菜贮藏保鲜

一、蔬菜贮藏保鲜的含义

蔬菜贮藏保鲜有三层含义：一是要保持蔬菜正常的生命过程，抵抗不良环境和微生物的侵害；二是要使蔬菜的生理代谢活动处于较缓慢的状态，以延迟机体衰老，降低有机物损耗，减少品质下降；三是要防止由微生物活动引起的变质和腐烂。

二、蔬菜贮藏的环境条件

蔬菜贮藏的环境条件主要有温度、湿度、气体等。其中，以温度的影响最大，影响率约占60%～70%；湿度、气体的影响次之，影响率各约占10%～15%。

(一) 温度

一般情况下，随着温度的升高，呼吸作用和水解作用加强，后熟过程加快，物质消耗增多，不利于贮藏；随着温度的降低，代谢过程变得缓慢，物质消耗减少，呼吸高峰延后且不明显，微生物繁殖速度变慢。但是，温度稍低于0℃蔬菜就会冻结，造成细胞冻伤或死亡。贮藏温度过低，会对有些蔬菜造成低温冷害。因此，在保证蔬菜正常代谢机能不受干扰的情况下，应尽量降低温度并保持温度的稳定。

(二) 相对湿度

从减少蒸腾失水、防止萎蔫的角度来说，贮藏湿度越高越好；但湿度高又适于微生物的生长繁殖，容易导致产品腐烂。因此，应保持适宜的贮藏湿度。大多数蔬菜的适宜贮藏湿度为90%～95%。在确定贮藏湿度时也要考虑贮藏温度。通常认为，在低温条件下，蔬菜可以在比较高的相对湿度条件下储藏；在较高温度条件下，则应保持较低的相对湿度。

(三) 气体

适当降低氧气含量或增加二氧化碳含量能抑制蔬菜的呼吸作用，延缓后熟过程，维持休眠，有利于保持蔬菜品质，这就是气调贮藏的依据。气调贮藏可使用相对较高的温度，对不宜进行低温贮藏的蔬菜具有重要的意义。气体的适宜组成依蔬菜种类和品种而定，温度高时氧气含量也要适当提高。

不同蔬菜的贮藏环境指标见表15－2。

表15－2　不同蔬菜的贮藏环境指标

蔬菜名称	贮藏温度 (℃)	相对湿度 (%)	氧气含量 (%)	二氧化碳含量 (%)	冰点 (℃)	贮藏寿命 (天)
白菜	−0.5～0.5	85～90	2～5	0～5	−1	120～150
甘蓝	−1～1	90～95	2～5	0～5	−0.8	60～150
菠菜	−1～1	90～95	11～16	1～5	−0.3	30～90

蔬菜名称	贮藏温度（℃）	相对湿度（%）	氧气含量（%）	二氧化碳含量（%）	冰点（℃）	贮藏寿命（天）
芹菜	0~1	90~95	2~3	4~5	-2~-1	60~90
番茄	10~13	80~90	2~4	3~6	-0.8	45~60
黄瓜	10~13	90~95	3~5	3~5	-0.8	45~60
辣椒	7~9	85~90	2~5	1~2	-0.8	60~90
菜豆	8~10	90~95	2~4	1~2	-1.1	30~50
洋葱	-1~3	65~70	2~4	10~15	-0.8	180~240
胡萝卜	0~1	90~95	1~2	2~4	-1.1	180~240

三、蔬菜贮藏的方式

蔬菜贮藏有冷库贮藏和气调库贮藏两种方式。由于气调库贮藏成本远高于冷库贮藏成本，并且不是所有的蔬菜都适用气调库贮藏，因此蔬菜贮藏普遍采用冷库贮藏方式。

（一）冷库贮藏

冷库多由制冷机制冷，利用汽化温度很低的液体（氨或氟利昂）作为冷却剂，吸收贮藏库内的热量，从而达到冷却降温的目的。冷库容易控制库内条件，能较好地保持蔬菜品质。但冷库投资大，运行成本高，操作复杂，库温控制不当易造成冷害。

蔬菜入库前要对库房做好清洁消毒工作，并检修库房设备，提前开机预冷。通常采用漂白粉水溶液、高锰酸钾等喷洒或熏蒸消毒。由于冷库内温度较低，空气湿度较低且风速较大，入库的蔬菜必须提前预冷散热，打蜡或包装薄膜，以免水分快速流失。

为保持库温的稳定，预冷后的蔬菜应分批入库，每日入库量不宜超过库容量的20%；否则会带入过多热量，库温难以回降。注意货品码放方式，一般呈"品"字形码放，货品与货品之间留5~10厘米的距离，货品与墙之间留30厘米左右的距离，以便于观察、人工操作及冷气流通。货品顶部与冷风机之间的距离不小于60厘米，若离冷风机太近，产品易遭受冷害或冻害。

依蔬菜种类和品种特性，库内设定适宜温度，不能低于冷害界限，温度应分布均匀，不能波动过大。适时通风换气，排除蔬菜呼吸代谢积累的过多的二氧化碳、乙烯等气体。在通风换气的同时应开动制冷机，以减缓温度和相对湿度的变化。通过雾化加湿处理或包装处理，减少产品失水。定期检查温度、相对湿度、气体等指标，及时剔除皱缩或腐烂的产品。

（二）气调库贮藏

气调库贮藏是通过改变贮藏环境中的气体成分（通常是增加氧气浓度和降低二氧化碳浓度）来实现蔬菜的长期贮藏。气调库又称气调贮藏库，是在冷库的基础上增加气体成分调节，通过对贮藏环境中温度和湿度以及二氧化碳、氧气、乙烯浓度等条件的控制，实现蔬菜的采后保鲜。气调库有隔热、制冷等方面的结构和设备，基本与常规冷库相同，只是为了调节气体成分，密封性要好，还要有专门的气调系统。气调贮藏与低温贮藏配合，可比单纯的冷藏温度略高，以降低气调低温下产品对二氧化碳的敏感性。

参考文献

包国芳. 浅析成都地区蔬菜高效栽培技术 [J]. 四川农业科技，
2014（8）：18.

程智慧. 蔬菜栽培学总论 [M]. 2 版. 北京：科学出版社，2019.

董伟. 蔬菜病虫害诊断与防治彩色图谱 [M]. 北京：中国农业科学技术出版
社，2012.

高洪波，李敬蕊. 蔬菜育苗新技术彩色图说 [M]. 北京：化学工业出版
社，2018.

宫亚军，石宝才，路虹. 哒螨灵和克螨特对蔬菜红蜘蛛的毒力测定 [J]. 北方
园艺，2008（3）：217-218.

郭巨先，等. 南方蔬菜反季节栽培设施与建造 [M]. 北京：金盾出版
社，2003.

郭世荣，马月花，孙锦. 蔬菜嫁接育苗实用技术 [M]. 南京：江苏凤凰科学
技术出版社，2014.

胡燕，周娜，郑阳，等. 甘蓝黑腐病的发生及综合防治 [J]. 植物医生，
2018，31（12）：35-36.

胡允祝，王汉荣. 茄子褐纹病发生症状及其防控技术 [J]. 浙江农业科学，
2021，62（9）：1794-1795.

怀凤涛，刘宏宇，郭庆勋. 蔬菜采后处理与保鲜加工 [M]. 哈尔滨：黑龙江
科学技术出版社，2008.

黄新灿，黄武权. 无公害榨菜栽培技术 [J]. 上海蔬菜，2005（3）：16-18.

江扬先，严龙. 茄子绵疫病的发生规律及控防措施 [J]. 中国瓜菜，2014，
27（2）：59-60.

黎梓茵，邱传明. 茂名茄子主要病虫害及防治方法 [J]. 长江蔬菜，
2022（3）：55-57.

李明远. 茶黄螨的发生及其防治 [J]. 中国蔬菜，2017（9）：81-83.

李秋丽，李玉琦. 常见蔬菜种子催芽关键技术 [J]. 现代农业科技，

2016（9）：111－112.

刘星，常义，张征. 蔬菜遮阳网覆盖的作用、方式和栽培技术［J］. 长江蔬菜，2017（19）：39－40.

吕龙，康宇飞. 成都市中心城区净菜市场的调查分析［J］. 四川烹饪高等专科学校学报，2013（3）：27－30.

马东梅. 大白菜黑腐病的发生规律及防治［J］. 园艺与种苗，2013（3）：4－5.

孟平红. 贵州主要蔬菜无公害栽培技术［M］. 贵阳：贵州科技出版社，2010.

农业部种植业管理司. 小地老虎防治技术规程：NY/T 2917—2016［S］. 北京：中国农业出版社，2017.

彭家伟. 经济实用竹架大棚的建造［J］. 四川农业科技，2009（5）：43.

钱妙芬，刘兴国，彭亮. 成都市蔬菜"秋淡"的气候成因与年型分类［J］. 中国农业气象，1994，15（2）：15－18.

屈小江，潘绍坤，杜晓荣. 新型蔬菜加温育苗设施——简易热水采暖苗床［J］. 蔬菜，2012（10）：9.

四川省农业厅. 四川省单栋钢架蔬菜种植大棚建造规范：DB51/T 2491—2018［S］. 成都：四川省质量技术监督局，2018.

宋占锋，巩雪峰，赵黎明. 调味辣椒栽培与病虫害防治技术［M］. 北京：中国农业科学技术出版社，2021.

王迪轩，王雅琴，何永梅. 图说大棚蔬菜栽培关键技术［M］. 北京：化学工业出版社，2018.

王迪轩. 地膜覆盖的作用［J］. 科学种养，2010（3）：63.

王颉，张子德. 果品蔬菜贮藏加工原理与技术［M］. 北京：化学工业出版社，2009.

魏林，梁志怀，张屹. 结球甘蓝菌核病发生规律及其综合防治［J］. 长江蔬菜，2017（9）：52－53.

武德虎，李月兵. 茄子黄萎病发生与防治［J］. 西北园艺（综合），2019（3）：55－56.

先本刚，赵开平，彭名超，等. 成都地区番茄越冬嫁接规模化育苗技术［J］. 长江蔬菜，2018（15）：30－32.

向娟，吴传秀，杨靖，等. 成都平原豇豆-水稻-大白菜高效轮作栽培技术规程［J］. 四川农业科技，2018（12）：52－54.

熊尚文. 15％哒螨灵乳油防治茄子红蜘蛛药效试验［J］. 现代园艺，

2016（12）：10.

徐延才，于海东. 商品蔬菜的采收及采后处理技术［J］. 现代园艺，2016（8）：64－65.

杨德峰，邵红梅. 三种地膜在大棚蔬菜生产中的不同应用［J］. 农业知识（瓜果菜），2018（11）：24.

杨平，蒲启建，罗莉. 榨菜高产栽培技术［J］. 长江蔬菜，2016（20）：79－80.

姚光贵. 成都市种植业生产技术规范［M］. 成都：四川科学技术出版社，2017.

叶文娣，黄俭，赵哲. 频振式杀虫灯在蔬菜生产上的推广应用［J］. 上海蔬菜，2005（6）：67－69.

曾必荣，李涛，陈春霞. 对成都蔬菜产业发展的思考［J］. 四川农业科技，2013（12）：5－7.

张泽锦，唐丽. 茄果类蔬菜嫁接育苗关键技术［J］. 四川农业科技，2018（3）：14－15.

中华人民共和国农业农村部农药检定所. 农药登记数据［DB/OL］.［2022－02－20］. http://www.chinapesticide.org.cn/hysj/index.jhtml.

附 录 蔬菜主要病虫害
及部分登记（推荐）农药

病虫害名称	防治时期	蔬菜作物	登记（推荐）农药及使用剂量	防治方法
猝倒病	播种时、发病前或发生初期	辣椒	30％精甲·噁霉灵可溶液剂 30～45 毫升/亩	苗床喷雾
		黄瓜	722 克/升霜霉威盐酸盐水剂 5～8 毫升/平方米	苗床浇灌
		黄瓜	20％乙酸铜可湿性粉剂 1000～1500 克/亩	灌根
	播种后出苗前	番茄（苗期）	2 亿孢子/克木霉菌可湿性粉剂 4～6 克/平方米	苗床喷淋
立枯病	播种后、发病前或发生初期	辣椒	30％噁霉灵水剂 2.5～3.5 克/平方米	泼浇
		辣椒	50％异菌脲可湿性粉剂 2～4 克/平方米	泼浇
		辣椒	4％井冈霉素水剂 3～4 毫升/平方米	泼浇
	苗期发病前	番茄	3 亿 CFU/克哈茨木霉菌可湿性粉剂 4～6 克/平方米	灌根
病毒病	发病前或发生初期	番茄	8％宁南霉素水剂 75～100 克/亩	喷雾
		番茄	20％吗胍·乙酸铜可湿性粉剂 167～250 克/亩	喷雾
		番茄	2％氨基寡糖素水剂 200～300 毫升/亩	喷雾
		辣椒	2％香菇多糖可溶液剂 65～80 毫升/亩	喷雾

续表

病虫害名称	防治时期	蔬菜作物	登记（推荐）农药及使用剂量	防治方法
霜霉病	发病前或发生初期	黄瓜	72%霜脲·锰锌可湿性粉剂 125～150 克/亩	喷雾
		黄瓜	722 克/升霜霉威盐酸盐水剂 60～100 毫升/亩	喷雾
		黄瓜	50%烯酰吗啉可湿性粉剂 30～40 克/亩	喷雾
		黄瓜	58%甲霜·锰锌可湿性粉剂 150～188 克/亩	喷雾
		黄瓜	0.5%几丁聚糖水剂 300～500 倍液	喷雾
软腐病	发病前或发生初期	大白菜	20%噻唑锌悬浮剂 100～150 毫升/亩	喷雾
		白菜	2%春雷霉素可湿性粉剂 100～150 克/亩	喷雾
		西兰花	47%春雷·王铜可湿性粉剂 80～100 克/亩	喷雾
		白菜	100 亿芽孢/克枯草芽孢杆菌可湿性粉剂 60～70 克/亩	喷雾
菌核病	发病前或发生初期	甘蓝	40%菌核净可湿性粉剂 1200 倍液※	喷雾
		甘蓝	50%异菌脲可湿性粉剂 1000 倍液※	喷雾
		甘蓝	25%咪鲜胺乳油 1500 倍液※	喷雾
黑腐病	发病前或发生初期	大白菜	2%春雷霉素水剂 75～120 毫升/亩	喷雾
		甘蓝	45%春雷·王铜可湿性粉剂 800 倍液※	喷雾
		花菜	20%噻菌铜悬浮剂 1500 倍液※	喷雾
斑枯病	发病前或发生初期	芹菜	10%苯醚甲环唑水分散粒剂 35～45 克/亩	喷雾
		芹菜	25%咪鲜胺乳油 50～70 毫升/亩	喷雾
根肿病	播种、移栽前后	大白菜	50%氟啶胺悬浮剂 267～333 毫升/亩	土壤喷雾
		小白菜	20%氰霜唑悬浮剂 80～100 毫升/亩	药土法及喷淋；灌根
		大白菜	100 亿个/克枯草芽孢杆菌可湿性粉剂 500～650 倍液	蘸根、灌根；拌种

续表

病虫害名称	防治时期	蔬菜作物	登记（推荐）农药及使用剂量	防治方法
炭疽病	发病前或发生初期	辣椒	10%苯醚甲环唑水分散粒剂 65~80 克/亩	喷雾
		黄瓜	50%克菌丹可湿性粉剂 125~187.5 克/亩	喷雾
		姜、萝卜、辣椒	75%戊唑·嘧菌酯水分散粒剂 10~15 克/亩	喷雾
		姜	30%吡唑醚菌酯悬浮剂 17~25 毫升/亩	喷雾
青枯病	发病前或发生初期	番茄	3%中生菌素可湿性粉剂 600~800 倍液	灌根
		番茄	20%噻森铜悬浮剂 300~500 倍液	灌根或茎基部喷雾
		番茄	3000 亿个/克荧光假单胞杆菌粉剂 437.5~500 克/亩	浸种+泼浇+灌根
		番茄	60 亿芽孢/毫升解淀粉芽孢杆菌 LX-11 悬浮剂 300~500 倍液	灌根
叶霉病	发病前或发生初期	番茄	70%甲基硫菌灵可湿性粉剂 36~54 克/亩	喷雾
		番茄	43%氟菌·肟菌酯悬浮剂 20~30 毫升/亩	喷雾
		番茄	50%克菌丹可湿性粉剂 125~187 克/亩	喷雾
		番茄	5%多抗霉素水剂 75~112 毫升/亩	喷雾
早疫病	发病前或发生初期	番茄	80%代森锰锌可湿性粉剂 170~210 克/亩	喷雾
		番茄	10%苯醚甲环唑水分散粒剂 85~100 克/亩	喷雾
		番茄	75%肟菌·戊唑醇水分散粒剂 10~15 克/亩	喷雾
		番茄	43%氟菌·肟菌酯悬浮剂 15~25 毫升/亩	喷雾
		番茄	500 克/升异菌脲悬浮剂 75~100 毫升/亩	喷雾
		番茄	50%啶酰菌胺水分散粒剂 20~30 克/亩	喷雾

病虫害名称	防治时期	蔬菜作物	登记（推荐）农药及使用剂量	防治方法
晚疫病	发病前或发生初期	番茄	100 克/升氰霜唑悬浮剂 53～67 毫升/亩	喷雾
		番茄	72％霜脲·锰锌可湿性粉剂 130～180 克/亩	喷雾
		番茄	687.5 克/升氟菌·霜霉威悬浮剂 60～75 毫升/亩	喷雾
		番茄	2％氨基寡糖素水剂 60～70 克/亩	喷雾
灰霉病	发病前或发生初期	黄瓜、韭菜	20％嘧霉胺悬浮剂，黄瓜 120～180 毫升/亩，韭菜 100～150 毫升/亩	喷雾
		黄瓜、番茄	50％啶酰菌胺水分散粒剂 30～50 克/亩	喷雾
		番茄	50％异菌脲可湿性粉剂 50～100 克/亩	喷雾
		黄瓜、番茄	50％腐霉利可湿性粉剂 50～100 克/亩	喷雾
		番茄	43％氟菌·肟菌酯悬浮剂 30～45 毫升/亩	喷雾
		黄瓜	2 亿孢子/克木霉菌可湿性粉剂 185～250 克制剂/亩	喷雾
褐纹病	发病前或发生初期	茄子	10％苯醚甲环唑水分散粒剂 1000 倍液※	喷雾
		茄子	58％甲霜·锰锌可湿性粉剂 500 倍液※	喷雾
		茄子	250 克/升吡唑醚菌酯悬浮剂 1500 倍液※	喷雾
黄萎病	移栽时、发病前或发生初期	茄子	50％多菌灵可湿性粉剂 600～800 倍液※	灌根
		茄子	70％甲基硫菌灵可湿性粉剂 600～800 倍液※	灌根
		茄子、番茄	10 亿芽孢/克枯草芽孢杆菌可湿性粉剂灌根 300～400 倍液；穴施或药土法 2～3 克/株	灌根、穴施或药土法

病虫害名称	防治时期	蔬菜作物	登记（推荐）农药及使用剂量	防治方法
绵疫病	发病前或发生初期	茄子	72%霜脲·锰锌可湿性粉剂700倍液※	喷雾
		茄子	64%噁霜·锰锌可湿性粉剂500倍液※	喷雾
		茄子	69%烯酰·锰锌可湿性粉剂800倍液※	喷雾
白粉病	发病前或发生初期	茄子、苦瓜	43%氟菌·肟菌酯悬浮剂20～30毫升/亩	喷雾
		瓜类	70%甲基硫菌灵可湿性粉剂32～48克/亩	喷雾
		苦瓜、黄瓜	10%苯醚甲环唑水分散粒剂，苦瓜70～100克/亩，黄瓜50～83克/亩	喷雾
		黄瓜	25%吡唑醚菌酯悬浮剂40～60毫升/亩	喷雾
		黄瓜	41.7%氟吡菌酰胺悬浮剂5～10毫升/亩	喷雾
		黄瓜	0.5%几丁聚糖水剂100～500倍液	喷雾
疫病	移栽时、发病前或发生初期	辣椒	10%烯酰吗啉水乳剂150～300毫升/亩	喷雾
		甜椒	722克/升霜霉威盐酸盐水剂72～107毫升/亩	喷雾
		辣椒	25%甲霜·霜脲氰可湿性粉剂400～600倍液	灌根
枯萎病	移栽时、发病前或发生初期	黄瓜	3%甲霜·噁霉灵水剂500～700倍液	灌根
		黄瓜	2%春雷霉素可湿性粉剂700～900克/亩	灌根
		黄瓜	50%甲基硫菌灵悬浮剂60～80克/亩	喷雾
		番茄（保护地）	1.2亿芽孢/克解淀粉芽孢杆菌B1619水分散粒剂20～32千克/亩	撒施

病虫害名称	防治时期	蔬菜作物	登记（推荐）农药及使用剂量	防治方法
细菌性角斑病	发病前或发生初期	黄瓜	2%春雷霉素可溶液剂150~200毫升/亩	喷雾
		黄瓜	3%中生菌素可湿性粉剂95~110克/亩	喷雾
		黄瓜	30%琥胶肥酸铜可湿性粉剂200~233克/亩	喷雾
		黄瓜	20%噻森铜悬浮剂100~166毫升/亩	喷雾
根腐病	移栽时、发病前或发生初期	茄子	0.7%春雷霉素·精甲霜灵颗粒剂400~600克/亩	穴施
		番茄	1亿孢子/克木霉菌颗粒剂1500~3000克/亩	沟施
		黄瓜	10亿芽孢/克枯草芽孢杆菌可湿性粉剂，灌根300~400倍液，穴施2~3克/株	灌根或穴施
锈病	发病前或发生初期	菜豆	10%苯醚甲环唑水分散粒剂50~83克/亩	喷雾
		小葱	30%醚菌酯可湿性粉剂15~30克/亩	喷雾
		豇豆	50%硫黄·锰锌可湿性粉剂250~280克/亩	喷雾
		豆类	75%百菌清可湿性粉剂113~206克/亩	喷雾
紫斑病	发病前或发生初期	洋葱	43%氟菌·肟菌酯悬浮剂20~30毫升/亩	喷雾
		大葱	10%多抗霉素可湿性粉剂22~30克/亩	喷雾
		洋葱	10%苯醚甲环唑水分散粒剂30~75克/亩	喷雾
		大葱	30%吡唑醚菌酯悬浮剂20~33毫升/亩	喷雾
叶枯病	发病前或发生初期	姜、大蒜	10%苯醚甲环唑水分散粒剂30~60克/亩	喷雾
		姜	70%甲基硫菌灵可湿性粉剂30~57克/亩	喷雾
		大蒜	75%肟菌·戊唑醇水分散粒剂10~20克/亩	喷雾

续表

病虫害名称	防治时期	蔬菜作物	登记（推荐）农药及使用剂量	防治方法
姜瘟病	发病前或发生初期	姜	20%噻森铜悬浮剂 500～600 倍液	灌根
		姜	46%氢氧化铜水分散粒剂 1000～1500 倍液	喷淋、灌根
蚜虫	发生初期	芹菜	10%吡虫啉可湿性粉剂 10～20 克/亩	喷雾
		十字花科蔬菜	25%抗蚜威水分散粒剂 20～36 克/亩	喷雾
		甘蓝	5%啶虫脒微乳剂 20～40 毫升/亩	喷雾
白粉虱	发生初期	黄瓜	10%啶虫脒可溶液剂 10～13.5 克/亩	喷雾
		黄瓜	25%噻虫嗪水分散粒剂 10～12.5 克/亩	喷雾
		番茄	100 亿孢子/毫升球孢白僵菌 ZJU435 可分散油悬浮剂 60～80 毫升/亩	喷雾
烟粉虱	发生初期	番茄	40%螺虫乙酯悬浮剂 12～18 毫升/亩	喷雾
		番茄	25%噻虫嗪水分散粒剂 7～20 克/亩	喷雾
菜青虫	低龄幼虫期	十字花科蔬菜	1.8%阿维菌素乳油 30～40 毫升/亩	喷雾
		十字花科蔬菜	2.8%阿维·高氯乳油 32～64 毫升/亩	喷雾
		十字花科蔬菜	2.5%高效氯氟氰菊酯水乳剂 20～40 毫升/亩	喷雾
		十字花科蔬菜	0.3%苦参碱水剂 62～150 毫升/亩	喷雾
		十字花科蔬菜	16000IU/毫克苏云金杆菌可湿性粉剂 50～100 克/亩	喷雾

续表

病虫害名称	防治时期	蔬菜作物	登记（推荐）农药及使用剂量	防治方法
小菜蛾	卵孵化盛期至低龄幼虫期	十字花科蔬菜	2%甲氨基阿维菌素苯甲酸盐水分散粒剂 4.3～6.5 克/亩	喷雾
		十字花科蔬菜	100 克/升虫螨腈悬浮剂 50～70 毫升/亩	喷雾
		甘蓝	5%多杀霉素悬浮剂 25～35 毫升/亩	喷雾
		甘蓝	30%茚虫威水分散粒剂 5～9 克/亩	喷雾
		小白菜	400 亿个孢子/克球孢白僵菌水分散粒剂 26～35 克/亩	喷雾
		十字花科蔬菜	16000IU/毫克苏云金杆菌可湿性粉剂 100～150 克/亩	喷雾
甜菜夜蛾	卵孵化盛期至低龄幼虫期	甘蓝	0.5%甲氨基阿维菌素苯甲酸盐乳油 30～50 毫升/亩	喷雾
		甘蓝	10%虫螨腈悬浮剂 33～67 毫升/亩	喷雾
		甘蓝	10%虱螨脲悬浮剂 15～20 毫升/亩	喷雾
		甘蓝	60 克/升乙基多杀菌素悬浮剂 20～40 毫升/亩	喷雾
斜纹夜蛾	卵孵化盛期至低龄幼虫期	甘蓝	2%甲氨基阿维菌素苯甲酸盐微乳剂 5～7 毫升/亩	喷雾
		甘蓝	10%虫螨腈悬浮剂 40～60 毫升/亩	喷雾
		十字花科蔬菜	10 亿 PIB/克斜纹夜蛾核型多角体病毒可湿性粉剂 40～50 克/亩	喷雾
		花菜	16000IU/毫克苏云金杆菌可湿性粉剂 100～150 克/亩	喷雾
美洲斑潜蝇	低龄幼虫初发期	菜豆	50%灭蝇胺可溶粉剂 20～30 克/亩	喷雾
		豇豆	60 克/升乙基多杀菌素悬浮剂 50～58 毫升/亩	喷雾
		黄瓜、菜豆	1.8%阿维菌素乳油 40～80 毫升/亩	喷雾

病虫害名称	防治时期	蔬菜作物	登记（推荐）农药及使用剂量	防治方法
瓜实蝇	发生初期	苦瓜	5％阿维·多霉素悬浮剂 30～40 毫升/亩	喷雾
		苦瓜	0.1％阿维菌素浓饵剂 180～270 毫升/亩	诱杀
葱蝇	发生初期	葱	75％灭蝇胺可湿性粉剂 3000 倍液※	灌根
烟青虫	卵孵化盛期至低龄幼虫期	辣椒	2％甲氨基阿维菌素苯甲酸盐微乳剂 5～10 毫升/亩	喷雾
		辣椒	4.5％高效氯氰菊酯乳油 35～50 毫升/亩	喷雾
		辣椒	600 亿 PIB/克棉铃虫核型多角体病毒 2～4 克/亩	喷雾
		辣椒	16000IU/毫克苏云金杆菌可湿性粉剂 100～150 克/亩	喷雾
棉铃虫	卵孵化盛期至低龄幼虫期	番茄	2％甲氨基阿维菌素苯甲酸盐乳油 28.5～38 毫升/亩	喷雾
		番茄	50 克/升虱螨脲乳油 50～60 毫升/亩	喷雾
		番茄	600 亿 PIB/克棉铃虫核型多角体病毒 2～4 克/亩	喷雾
茶黄螨	发生初期	辣椒	43％联苯肼酯悬浮剂 20～30 毫升/亩	喷雾
		辣椒	73％炔螨特乳油 1000～2000 倍液※	喷雾
		茄子	1.8％阿维菌素乳油 2000～3000 倍液※	喷雾
		茄子	10％浏阳霉素乳油 1000 倍液※	喷雾

续表

病虫害名称	防治时期	蔬菜作物	登记（推荐）农药及使用剂量	防治方法
红蜘蛛	卵孵化盛期至低龄幼虫期	辣椒、茄子	0.1%藜芦根茎提取物可溶液剂 120～140 克/亩	喷雾
	发生初期	黄瓜（保护地）	10%联苯·哒螨灵烟剂 80～100 克/亩	烟熏
		辣椒	73%炔螨特乳油 1000～2000 倍液※	喷雾
		辣椒、茄子	15%哒螨灵乳油 2000～3000 倍液※	喷雾
蓟马	若虫初发期	豇豆	5%甲氨基阿维菌素苯甲酸盐微乳剂 3.5～4.5 毫升/亩	喷雾
		豇豆	5%多杀霉素悬浮剂 25～30 毫升/亩	喷雾
		豇豆	25%噻虫嗪水分散粒剂 15～20 克/亩	喷雾
		豇豆	100 亿孢子/克金龟子绿僵菌悬浮剂 30～35 毫升/亩	喷雾
豆荚斑螟（又称豆荚螟）	卵孵化初期至低龄幼虫期	豇豆	5%甲氨基阿维菌素苯甲酸盐微乳剂 3.5～4.5 克/亩	喷雾
		豇豆	30%茚虫威水分散粒剂 6～9 克/亩	喷雾
		菜豆	50 克/升虱螨脲乳油 40～50 毫升/亩	喷雾
姜螟（又称玉米螟）	卵孵化初期至低龄幼虫期	姜	3%甲氨基阿维菌素水分散粒剂 10～16 克/亩	喷雾
		姜	1.8%阿维菌素乳油 30～40 毫升/亩	喷雾
韭蛆	发生初期	韭菜	1%噻虫胺颗粒剂 1500～2100 克/亩	沟施
		韭菜	5%氟铃脲乳油 300～400 毫升/亩	灌根
		韭菜	25%噻虫嗪水分散粒剂 180～240 克/亩	灌根
		韭菜	70%辛硫磷乳油 350～570 毫升/亩	灌根

病虫害名称	防治时期	蔬菜作物	登记（推荐）农药及使用剂量	防治方法
蒜蛆 （又称根蛆）	发生初期	大蒜	5％氟铃脲乳油 450～600 毫升/亩	喷淋
		大蒜	25％噻虫嗪水分散粒剂 180～360 克/亩	喷淋
		大蒜	0.06％噻虫胺颗粒剂 35～40 千克/亩	撒施
根结线虫	移栽前	番茄	10％噻唑膦颗粒剂 1500～2000 克/亩	撒施
		黄瓜	1％阿维菌素颗粒剂 1500～2000 克/亩	沟施
		黄瓜、番茄	50％氰氨化钙颗粒剂 48～64 千克/亩	沟施
		番茄	10 亿孢子/克淡紫拟青霉颗粒剂 1500～2000 克/亩	沟施
	移栽时、移栽后	黄瓜、番茄	41.7％氟吡菌酰胺悬浮剂 0.024～0.03 毫升/株	灌根

注：※表示参考文献中引用的推荐农药及使用剂量。